互联网+时代
企业管理实战系列

北 京

大数据

精细化销售管理、数据分析与预测

刘 星◎著

让大数据成为企业成功的核心竞争能力

人民邮电出版社

北 京

图书在版编目（ＣＩＰ）数据

大数据：精细化销售管理、数据分析与预测 / 刘星
著. -- 北京：人民邮电出版社，2016.11
（互联网+时代企业管理实战系列）
ISBN 978-7-115-42854-7

Ⅰ．①大… Ⅱ．①刘… Ⅲ．①销售管理—数据处理
Ⅳ．①F713.3

中国版本图书馆CIP数据核字(2016)第250624号

内 容 提 要

本书对精细化销售管理、数据分析与预测课程系统进行讲解，提供企业运营中的销售计划指标的设定、数据获取、分析的方法，并通过常用的 Office 工具来制定运营模型，对企业市场拓展和销售计划制定和执行的跟踪、调整进行有效控制，并采取相应的考核制度进行保障，帮助企业降低运营风险和有效开拓市场。

本书适合营运部、财务部、商品企化部、销售管理部、销售及需要做产品分析和销售报表的相关工作人员阅读。

◆ 著　　　刘 星
责任编辑　冯 欣
责任印制　彭志环

◆ 人民邮电出版社出版发行　　北京市丰台区成寿寺路 11 号
邮编　100164　　电子邮件　315@ptpress.com.cn
网址　http://www.ptpress.com.cn

印张：16　　　　　　　2016 年 11 月第 1 版
字数：235 千字　　　2016 年 11 月北京第 1 次印刷

定价：49.80 元

读者服务热线：(010)81055488　印装质量热线：(010)81055316
反盗版热线：(010)81055315
广告经营许可证：京东工商广字第 8052 号

前言

如今，全球经济已经进入了白热化时代，互联网、大数据、物联网、云计算的出现多多少少改变了全球市场经济的格局，尤其是大数据加速了全球市场经济的变革。因此，我们不难发现，未来是大数据时代，未来企业的竞争必然是大数据的竞争。因此，能够将大数据运用从最初的趋势探索发展到灵活使用，是人们利用大数据进行营销的过程中实战能力的一个极大提升，也是企业能够从传统营销模式中逐渐走出来，向大数据营销华丽蜕变最终达到熟练运用的一个过程。

大数据营销作为一种营销方式，其核心是借助大数据技术，在数据平台进行互联网广告营销。大数据产生于互联网行业，又服务于互联网行业，利用大数据的分析技术和预测能力，为广告商带来更加高效、精准的广告投放，给企业带来更高的投资回报率。因此，在这个风云变幻的大数据时代，学会如何进行大数据营销是企业进行商业活动并能够决胜千里的一把利器。

本书作为大数据营销的精细指导，让读者阅读后能够更加有的放矢地利用大数据进行营销。本书详细讲述了大数据营销的三大部分。

第一部分为导入篇，用大数据营销之悟——趋势与挑战引出下文。

第二部分为主旨篇，主要包括大数据营销之变——数据带来营销变革，助力互联网精细化运营；大数据营销之道——要点与方法；大数据营销之探——数据的可视化与客户体验至上；大数据营销之用——数据分析方法及应用等内容。

第三部分为实战篇，以大数据营销实战——经典与前沿营销案例解读作为本文的实操指南进行深入分析。

　　本书按照这 3 个部分教创业者如何走向创业梦想的彼岸，如何利用大数据营销实现创业之梦，最终走向成功。本书通过对大数据营销各层次的方法与要点进行全面、精准的分析和讲解，希望能够给大家带来茅塞顿开、醍醐灌顶的感觉。

　　希望通过阅读本书，读者能够更多地了解到大数据营销在企业运营和营销过程中的重要意义，更重要的是读者能够从点滴开始，提升自我营销能力，达到利用大数据营销实现企业快速提升营销效果的目的。

目录

第三篇　实战篇

第六章　大数据营销实战——经典与前沿营销案例解读　/225

·第一篇·
导 入 篇

Chapter 1

第一章

大数据营销之悟——趋势与挑战

近年来，大数据的发展由以前的预期膨胀阶段、炒作阶段逐渐转化为理性发展阶段、落地应用阶段，在未来很长一段时间里，大数据营销将处于理性发展期，并且将充满诸多挑战，但是前景依然非常乐观。

1.1　通过大数据洞察消费者行为

所谓大数据当然包括占有大量的信息资料，但是仅仅占有大量的资料是远远不够的。大家都知道滥竽充数的故事——不会吹竽的人混在乐队里假装乐手并长期未被发现。他为什么能混？就是因为乐队人数多，容易冒充，但是这样的人对乐队毫无用处，所以乐队要采用一种办法让他离开。企业也是一样，有时候手中会有很多数据。例如，人事部总有很多的个人简历，相关人员想要快速选出可用之人，必然要采用一定的处理模式使信息优化，这样更有利于自己做出决策。因此，在我们看来，大数据的概念是一种处理大量数据的办法，其作用就是帮助人们快速找出解决问题的办法。

此方法跟管理学中的调查表、层别法完全不一样，就是不采取记录后抽样调查的方法，而是从信息的价值、数量、种类、速度 4 个维度来分析问题，如图 1-1 所示。我们先来看从价值角度进行分析的好处。许多人看过电影《特洛伊》，希腊和特洛伊交战 10 年，死伤的将士无数，可是没有人能记住他们的名字，但是特洛伊的大王子赫克托尔战死，却无人不知，因为他是战争的指挥官，决定着战争的胜败，价值太大了。

图 1-1　大数据的 4 个特点

在传统调查中，数量和种类也十分重要。例如，你去调查一个学校的教学质量，只调查几个顽劣的学生，那你得出的结论必然是这所学校的教学质量很差。此外，你只调查学生成绩是不够的，因为这样只能从成绩上去判断学校的好与坏，可是衡量教学质量的标准还包括教师对学生人格的塑造、创造力的培养等方面的内容。所以，你还得调查老师及学生家长，这样才能对这所学校得出客观的评价。

至于速度，这在今天的市场环境中，几乎是跟价值一样重要的参考项。从企业自身角度来讲，首先，它必须知道自己的哪一种产品畅销，才能优先生产这种产品；其次，它必须了解竞争对手在哪些方面超越自己，这样才能在市场竞争中扬长避短。

"艺鸣远大"是北京的一家考研辅导机构，专注于艺术类工作者的在职考研辅导。

2015 年，教育部下达通知，说这一年的考试是在职联考最后一次单独命题，以后将要和全国统考一起进行。这意味着艺术类在职考研的难度要加大，原因在于艺术类在职考研的英语测试全部是选择题，可全国统考的试卷中有写作和翻译部分，复习这两项会占用考生更多的时间。

在这样的前提下，"艺鸣远大"招生部的老师调查了全国在职研究生报名的人数，发现比以往任何一年都多很多，而且艺术生的比重也比往年大。出现这样的现象，一是因为这是最后一次独立命题；二是因为艺术生的精力大多用在了专业上，文化成绩相对差，所以 2015 年的考试对艺术生而言是一次需要珍惜的机会。

许多辅导机构开始大量招聘各个学科的教师，如教育学、心理学等学科的教师，可是"艺鸣远大"没有，而是把机构内口碑一般的老师都辞退了，换上了许多全国知名的艺术学教授。它给广大考生的承诺就是：艺术类领域的首席，通过率 95%。

最后，"艺鸣远大"的课堂学员爆满，而那些开办许多科目的教学机构，却因为在任何一个科目上都师资一般而学员稀少。

"艺鸣远大"的成功就来自于对大数据的成功运用。首先从数据的价值上看，最重要的信息就是，这是在职联考最后一次单独命题。既然是仅有的一次机会，想要抓住这次机会的人必然多，所以企业没必要做很详细的调查。至于艺术类考生的人数增多，"艺鸣远大"也完全可以根据考生的不同种类去推断，因为跟其他学科比，这次机会对艺术生来说更重要，所以人数增加是必然的。关于速度，"艺鸣远大"曾培养出很多知名的明星，可见它在艺术领域具有较大优势，但其他领域可谓该机构的短板。就算找到知名的教师，在课程安排上也必然欠缺经验。除此之外，招聘教师是一笔不小的开销，企业分散了资金，就难以招来各个领域的顶级名师，也就无法把事情做到卓越，可是当下消费者的消费习惯就是追求性能最好的产品，所以企业不可分散精力和资金。

纵观今天那些成功的企业，几乎都是根据大数据去推测消费者的行为习惯，然后打造性能卓越且符合他们需求的产品。例如，很多人都认为德系车的质量最可靠，可是有这种购买力的人并不多。企业根据这个大数据，就可以推断出仿制的德国车在国内一定会有销路。然后再看看近些年汽车用户增长的速度，可得知仿制的德系车必然有很好的销路。例如，沈阳的华晨汽车集团，就是用大数据分析市场，从而制造出了性能如宝马车般的产品，在国内大受欢迎。

这就是大数据分析法的优点，它能帮助企业分析消费者的行为习惯。企业只有了解了消费者的消费习惯，才能对自己有一个很好的定位，这是企业进行任何营销的前提。

本节小结

> 大数据的预测分析可以说是大数据的一大超级功能，也是众多数据分析人士必须掌握的技能。尤其是对于各领域的企业来讲，利用大数据深入分析消费者的消费行为，这是大数据在企业营销过程中的重要一环。

1.2　解构与重构——大数据时代的营销变革

随着科技的发展，人们获取信息的数量、种类越来越多，价值含量越来越大，速度也越来越快，这必然会为企业分析市场提供重要的依据。可是大数据的应用不仅局限于帮助企业做决策，而是在整个商业运营中都会被用到，因为它的内涵会随着商业理论知识和科学技术的增长而不断变化。

有人把如今大数据的优点概括为"迅速、优化、廉价"。例如，有人在微信上发消息，说国内有百米破 10 秒的运动员了，这消息很快就被许多人知道了。以前观看新闻得买报纸，这不仅成本高，而且速度慢。当今的大数据不仅速度快，还有一点不可比拟的优势，在新闻中，相关报道时间短、画面少，可是在微信上你能看到整个比赛的视频。也就是说，大数据让人们获取信息和传播信息的方式都发生了改变。这种转变必然会带动企业运营的变革。

就拿当今最让人头疼的交通问题来说吧，以往许多汽车公司在测试车的安全系数时都没有"小切面碰撞试验"这一环节，因为大家都认为车祸是由车体大面积碰撞所造成的，可是美国的相关部门测试发现，一多半的车祸都是由车体的一小部分碰撞所引起的。许多公司针对这一现象，更改了设计方案，极大地提高了车的安全系数，这为汽车企业在售后服务环节节省了很多资金。

有人会说，上述例子虽然跟大数据有关系，但是更像是科学发现对生产实践的指导作用。下面我们就来看一看看他人是如何利用大数据来改变营销方式的。

● ● ● ●

奥伦任职于美国华盛顿大学计算机系，是地道的大数据专家，但他也曾在自己熟知的领域内摔了个跟头。有一年，他为了参加外市表弟的婚礼早早就订了机票，大家都知道机票越早预订就越便宜，可是他登机后发现那些晚订票的乘客，票价居然比自己的还低。这让奥伦非常气愤。于是他发誓要研发一个系统，可以帮助人们查看机票价格的涨跌趋势。

众所周知，机票价格的变动很不规律，所以奥伦的计划执行起来并不简单。他不仅要分析预购天数和票价的关系，还得参考特定航线及特定时期的票价。

为了完成这个目标，奥伦在 40 多天内抽查了 12000 个价格样本。这些样本不能说明票价变动的具体原因，例如，旅客太少、航空公司打特价等。但是通过估算它们的平均值，可以知道机票的价格基点。如果机票的价格低于这个平均值，系统就会提醒用户稍后购买，因为价格趋势在下降，这种情况很可能会持续一段时间。反过来，如果机票价格高过了平均值，系统会提示马上购买。

这个小项目推广后得到了一个风险投资基金会的支持。为了更精确地预测机票价格的趋势，奥伦参考了一个行业机票预订的数据库。据统计，这种预测方法的准确率可达 75%，能够帮助用户节省很多花销。

这就是大数据能对商业产生的巨大影响。但是它必须建立在计算机功能和互联网高速发展的基础之上。奥伦说："做出这样的预测，在 20 世纪是完全不可能的，因为我根本没有经费去搜集这么多的信息，可是现在一切都变得很廉价，而且更精确化，这才是我成功的关键。"

总之，科技的发展给人们带来了许多的变革。有人说，蒸汽机时代变革的只是人们的生产效率，而互联网时代变革的是人们的生产方式和生活方式。大数据作为这些方面的表现，必然会影响到传统商业模式的重组。例如，以往企业的产品研发是由研发人员来把控的，有时候很难符合大众的需求，从而导致产品积压。而现在，企业可以通过网络来进行调查，从而建立自己的数据库，然后比较分析，从而制造出受大多数人喜欢的产品。也就是说，企业在当下的时代必须对数据敏感，因为它就是你变革或改善营销策略的风向标。

本节小结

　　成功的过渡需要深刻的变革，至少在企业文化、组织、营销方式方面都是如此。在大数据时代，消费者的需求是一个时刻都在变化的变量，企业借助大数据进行解构和重建，从而适应并满足这种变量，这才是当前想要获得成功的企业的当务之急。

1.3　大数据营销误区解读

　　有人说，这世界上最大的错误就是习惯。事实的确如此，要是这个习惯在以往是正确的，将会更加难以改变。举个篮球方面的例子，姚明刚去美国职业篮球联赛打球时，有一个在国内养成的习惯动作，就是抢到篮板球以后要放下来，再蓄力进攻。这种打法有一点好处，就是脚下有根，进攻时动作不易变形，但是也有一个弱点，即在放球的过程中，篮球容易被对手抢去。所以姚明在美国经常被盗球。他这样的打法放在今天的美职篮赛场上更会漏洞百出，因为那里强调更高、更快、更强，也就是说，动作不可缓慢，否则必犯错误。

　　在商场上也是如此，以往一些管理人才所总结的经商之道在今天也不可全信，因为大环境已经变了。所以，要改变过往的习惯，首先要认清楚大环境的变化。大数据营销的误区如图 1-2 所示。

图 1-2　大数据营销误区解读

1. 追求精确

在小数据时代，企业十分注重数据的准确性，认为只有准确的数据，才能指引正确的推论。那时的信息量少，准确性也相对较高。可是在如今在这信息爆炸的时代，想要得到精确的信息太难了。若是用排除法，将会浪费很多的时间，等你制定出了决策，很可能产品都迭代了，这就要求我们放弃追求精确的营销理念，转而利用信息的丰富性去思考更多的赢利方法。这便是利用了大数据的长处，回避了它的短处。

2. 多则惑

古人说，多则惑，少则明。这一点多少年来一直没有被人质疑过。可是大家有没有想过，我们在面对不得不"多"的情况下，该怎么办？以书籍上的索引和目录为例，如果你看的是内容很少的书，古训或许非常有道理，但是把这本书的信息含量增加几千倍以后，这些目录就变成了一个个难找的词条，作用几乎为零。

既然如此，企业就不如把信息放在那儿，让需要的人自己去归类。例如，有人的 QQ 相册中有几个分册，可以按照自己的想法，把照片放在不同的分册中。没有所谓对与错，这就像漫天的柳絮，分辨不出哪个能成为种子，这要等到落地后才能见分晓。

3. 求索

每个进入职场的人都做过一件事，那就是写工作总结。有时候不仅要写出自己失误的地方，还得深刻地反思自己出现过错的原因。这个办法本来是对的，但是放在今天的商业环境中，就没有必要了，因为大数据会告诉你，什么事情可行，什么事情做了就会吃亏，这个时候你要想的就是还有什么事物跟这个可以成功的事情相关。例如，一个人喜欢买运动服，企业没有必要去想他喜欢这种服饰的原因，而要想他既然对运动服有需求，就很有可能也需要运动鞋，如果有这类产品就向他推荐。如今许多公司都采用此种经营方式。

亚马逊网站的创办者叫林登，最初这个网站是用来卖书的。为了保证图书的畅销，林登聘用了许多书评家，他们在"亚马逊的声音"这个版块中推荐新书。《华尔街日报》对"亚马逊的声音"进行了高度的赞扬，这对书籍的畅销起到了锦上添花的作用。

亚马逊的创意总监杰夫为了使图书的销售更有针对性，想出一个办法，就是根据客户以前购书的习惯，向其推荐相关的书籍。可是他们一开始采用的办法出现了失误，就是利用数据去找出客户之间的相似性然后进行推荐。这种办法最难解决的就是价格方面的问题。例如，同样一本名著，我国和欧洲都有很多喜欢的读者，可是在我国的价格要远比欧洲便宜。此外，市场中同类的产品那么多，人们很难留意这种推荐。

后来，他们改变了推荐的策略，开始从产品的相关性入手。例如，有人买了《包法利夫人》，系统就会向他推荐《法国小说精选》之类的书籍。这样的推荐受到了用户的一致欢迎。再后来，亚马逊虽然扩大了经营的产品范围，但是这种推荐方式一直沿用到了现在。

林登把系统相关推荐创造的销售业绩和书评家推荐创造的利润做了对比，发现前者的效果远远超过了后者。他说，计算机可不会分析客户为什么会喜欢下一本书，而且这种分析没有必要，我们要的是销量和节省成本。最后书评小组被解散了。

如今，亚马逊利用这种独特的推荐方式，战胜了许多同行，并且迫使一些大型书店和唱片公司也采用这种经营方式，可是没有人去分析这种方式究竟好在哪里。

除了以上的误区，企业还有以少胜多的营销错误，那就是总想在少数信息中，总结出更多的东西。以前是信息太少，需要开发智力，现在一切都已经准备充足了，就应该节省点脑力。此外，大数据得出的结论，相对而言更加准确。

总之，任何真理都有适用的范围，时代就是这个范围的前提，当今的商业环境和以前相比有很大不同，所以企业必须改变以往的营销方式。

本节小结

总之，大数据营销的误区还不仅限于此。当前，在大数据带来的各类应用中，大数据营销应用是各品牌企业最为关注的一个方向，能够快速认识大数据在营销过程中的作用和价值，快速走出大数据营销的误区，是当前每个有志提升竞争能力的企业需要做的最基本的工作。

1.4　大数据与微营销时代

许多人会把大数据营销和微营销的概念混为一谈，其实二者还是有区别的。这主要体现在时间的先后上。大数据在任何一个时代都是存在的。例如，我国古代商人通过茶马古道向印度、尼泊尔等国出售茶叶，就是因为他们知道那里有很多人喜欢喝茶。有了这样的大数据就可以精准营销。而微营销是企业利用微信和微博来进行营销，必须依靠互联网科技的发展。

众所周知，微博和微信的用户有几亿，累积了庞大的数据。企业如果对这些用户进行分析，必然能找到有利于自己的东西，所以微营销是一个商业发展的大趋势。

以上章节已经通过实例让大家看到了大数据的作用。它可以洞察用户的消费习惯、帮企业进行精准的定位、改善推广策略等，要是把大数据和微博、微信等结合起来加以利用，必然能够发挥 1+1 ＞ 2 的效果，如图 1-3 所示。

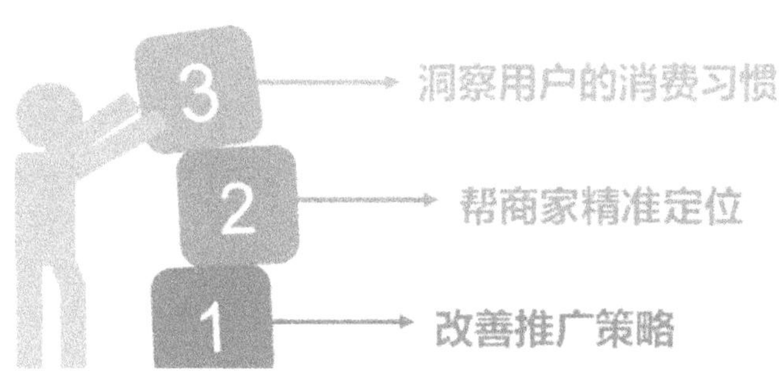

图 1-3　大数据在企业营销中的作用

可是要如何才能利用好"大数据＋微营销"的商业模式呢？关键就是要找到它们的结合点。例如，对于微商来说，粉丝越多越好。拥有越多的粉丝，就意味着拥有越多的数据，但是许多粉丝对销售额的增长毫无帮助，于是开始分析用户的信息，找出目标客户。这种做法正符合大数据分析的理念，所以当今的微营销可以说是进入了大数据的时代。

许多在互联网上经营的企业早就看到了时代发展的大趋势，于是利用微信、微博收获了很大的成功，如小米科技、创维电视等。一些传统的企业也带着庞大的数据量开始尝试微营销，最终取得了不错的业绩。

海尔集团董事长张瑞敏常常向员工灌输这样一种营销理念：用大数据分析用户需求，并结合最前沿的沟通软件和用户交流，然后生产符合用户需求的产品。

20 世纪末，全国人均收入有所提升，海尔集团力争用洗衣机打开农村市场。西南农村的许多使用者反馈说，洗衣机的排水口总是堵塞。张瑞敏对如此多的反馈信息高度重视，马上派售后服务人员到农户家中查看。

售后人员来到农户家以后惊讶地发现，农户们居然用洗衣机在洗地瓜，因为他们还不习惯用洗衣机洗衣服。地瓜上那么多泥土，排水口堵塞在所难免。海尔集团的管理层得知这种情况后，不但没有特制一些说明书去告诉农户该如何使用洗衣机，而是精心研制了 1 万台不仅能够洗衣服，还能够洗地瓜的洗衣机。该款洗衣机一经推出马上就被抢购一空。

腾讯推出微信后，海尔很快开通了属于自己的微信公共账号，用户不仅可以通过微信和海尔的服务人员交流，还可以通过微信对海尔生产的一款空调进行遥控。

海尔之所以生产出这样的空调，也是来自于对大数据的运用，因为研发者发现许多人都有把遥控器到处乱扔的习惯，常常用的时候找不到，但是很少有人会把手机乱扔。于是他们想，要是能用手机打开空调，一定会有很多用户喜欢。结果证明，这款空调的确很受用户的欢迎。

这就是"大数据＋微营销"所能够产生的效力，相信以后会有更多的企业采用这种模式。因为以往那种靠低价占领市场的经营方法，再也不能满足当下人们个性化的需求了，所以必须有所改变。这种改变的起点就是先分析数据，然后借助微信、微博等营销手段去推广，这样才能让企业有更长远的发展。

本节小结

　　微营销已然成为当前热门的营销方式，粉丝经济是企业获取的最基层流量的来源。在大数据背景下，大数据与微营销相结合，更加有助于企业分析当前用户的需求，从而更好地为其提供个性化的产品和服务，实现企业赢利的目的。因此，"大数据＋微营销"是当前的一大潮流和趋势。

1.5　大数据营销——中小企业营销的"救命稻草"

时代发展的节奏越来越快，拥有大量的数据对企业的发展来说越来越重要。美的公司说要出资 150 亿元人民币来打造以大数据为导向的智能家居业务。万达、康师傅等企业也宣称要斥巨资构建大数据平台，以此实现产品的改善和升级。

如此强大的企业还在锐意进取，这对中小型企业来说无疑也是一个挑战，因为它们没有那么多资金去建立一个完善的大数据平台。可是你已经进入了商界，这就好比拳击手上了擂台，就算力量不行，也得应战。这个时候中小企业主一定要头脑冷静，并采用一些技巧。

说到头脑冷静，这是最不容易的事情。中小企业不仅要忘记强者恒强的理论，还应该看清大数据的本质——它是企业发展的辅助工具，而非决定力量，所以不能舍本逐末。

至于技巧，最常用的招式就是借力打力和孤注一掷，如图 1-4 所示。说到借力打力，许多人都会。例如，学习一些大数据技术研发公司的技术，这样就可以省去自己研发所用的时间。此外还可以选择和一些大企业合作，以实现信息共享。

所谓孤注一掷，我们可以举个格斗方面的例子做类比。李小龙在电影《死亡塔》中有段和贾巴尔打斗的戏。贾巴尔的身高要比李小龙高出 40 厘米，李小龙和他拼拳脚毫无优势，于是他把贾巴尔摔倒在地，死死锁住其喉咙，就这样贾巴尔输了。

图 1-4　中小型企业借助大数据营销的招式

中小企业跟大企业比拼一定要通过精准的数据分析，找到大企业的弱点，然后从这里着力，虽然力量小，但是可以获胜。

北京有一家中档的川菜馆生意特别好，水煮鱼是其主打菜。它在大数据分析方面的精准在餐饮界的确有过人之处。

为了了解用户的用餐习惯，这家餐馆会通过监控器查看食客经常点的菜是什么；每道菜最后会剩下多少。有了这样精准的数据，厨师长精心研制每一道菜的味道，同时注重分量。这不仅受到了顾客的欢迎，还为餐馆节省了成本。

我们拿海底捞和这家川菜馆做一下对比。海底捞通过用户的反馈信息提高了服务的质量，例如，给用户发眼镜布、皮筋、湿巾等。相较而言，这家川菜馆则没有在服务上多加着力，更多地从菜的口味上入手，而这也正是餐饮企业经营的根本。

试想，该川菜馆为什么会这样做？应该是早就知道其他企业的长处和短处，然后才能通过有限的数据去战胜对手。

总之，大企业数据丰富，但是难免百密一疏，小企业虽然数据有限，但是运用得巧妙就有获胜的可能。所以说，大数据营销是中小企业经营的"救命稻草"。

本节小结

只要我们稍加注意，就不难发现，当前各大企业基本上都具备大数据分析、预测的技术和能力，这也是众多中小企业面临的一大挑战。但是，这并不意味着中小企业就无法在夹缝中求得一线生机。中小企业不具备大数据挖掘、分析的技术和能力，但是可以借助第三方数据咨询公司提供的最佳解决方案来实现大数据营销，这也是未尝不可的。

· 第二篇 ·
主旨篇

大数据营销之变——数据带来营销变革，助力互联网精细化运营

当下，我们身处在一个大数据时代，消费者获取信息的渠道和范围也变得越来越广，并且通过搜集各种信息做出判断、随时分享，这时，传统的媒体营销已经日显"疲态"，大数据将为企业的营销注入新鲜的血液，为传统企业的营销模式带来一场巨大的营销变革。

另外，在大数据营销时代，企业基于大数据分析实现了精细化营销与数字化管理，同时也推动了互联网企业的精细化运作与经营，实现了高效运营的目的，也提升了互联网营销活动的优化管理。

2.1　程序化营销：大数据让购买程序化

目前，大数据已经在诸多领域广泛应用，如精准广告、个性化推荐、趋势预测、消费者画像等，这些应用都体现了大数据的核心价值在于挖掘、洞察和预测。未来，大数据将成为企业在经济运行中的黄金资源。

程序化营销是基于大数据在广告行业逐渐兴起的一个概念，应用于企业的实际营销过程中则表现为基于大数据和技术驱动的程序化购买，简单地讲，就是大数据让购买变得更加程序化。程序化营销不但能够提高广告主的投资回报率，还可以帮助广告发布商大幅提高收入与利润。

谷歌将 60% 的营销预算用于用户程序化营销。目前，谷歌正在将诸多产品的电子广告借助于程序化营销模式将其一一转化为程序化广告。谷歌所提到的程序化广告不仅仅指电子广告，还包括广告牌上的广告。在进行程序化营销之后，谷歌在一年的时间里就将程序化购买业务增加了 200%。谷歌执行董事长埃里克 · 施密特预测："到 2020 年，全球的展示广告市场规模将激增 8 倍至 2000 亿美元。"这预示着在未来的几年里，谷歌将借助程序化营销模式完成绝大多数的在线广告交易，这将为广告市场注入更多活力，同时使广告市场产生翻天覆地的变化。

毋庸置疑，程序化营销在大数据的驱动和数据挖掘技术的不断深入下，将彻底改变广告市场，实现广告的购买程序化，这正是大数据时代广告行业本质的发展方向。

程序化购买的本质实际上是提高互联网广告的投放效率和投放质量，这不但满足了广告投放精准性、灵活性、多元化的要求，而且也与互联网广告的发展趋势相契合。因此，在未来，程序化营销必将成为广告投放的主要营销模式。

2015 年年初，《2014 中国 DSP 行业发展研究报告》指出：2014 年中国程序化展示广告市场规模达到了 48.4 亿元，增长率为 216.5%，占到中国展示广告整体市场的 8.9%。预计 2017 年，中国程序化购买市场整体规模将达到 282.7 亿元，占中国展示广告市场的比例将达到 28.2%。

在数据最有说服力的今天，该项研究报告其实已经用数字向我们表明：程序化营销正在向广告行业逐步渗透，未来程序化营销必将成为全球广告行业的重要发展趋势。

企业要进行程序化营销，首先要寻找到目标客户群。在以前，企业花重金购买媒体，但是并不能从电视机的广告收视率中获得目标客户群，而程序化营销则具有强大的识别能力，能够通过数据管理平台进行数据分析，将人群标签化，实现目标客户群的精细划分，将广告有针对性地投放到目标客户群面前。

那么，如何利用大数据来寻找目标客户群呢？在这里我们以淘宝指数为工具帮助我们寻找目标客户群，如图 2-1 所示。

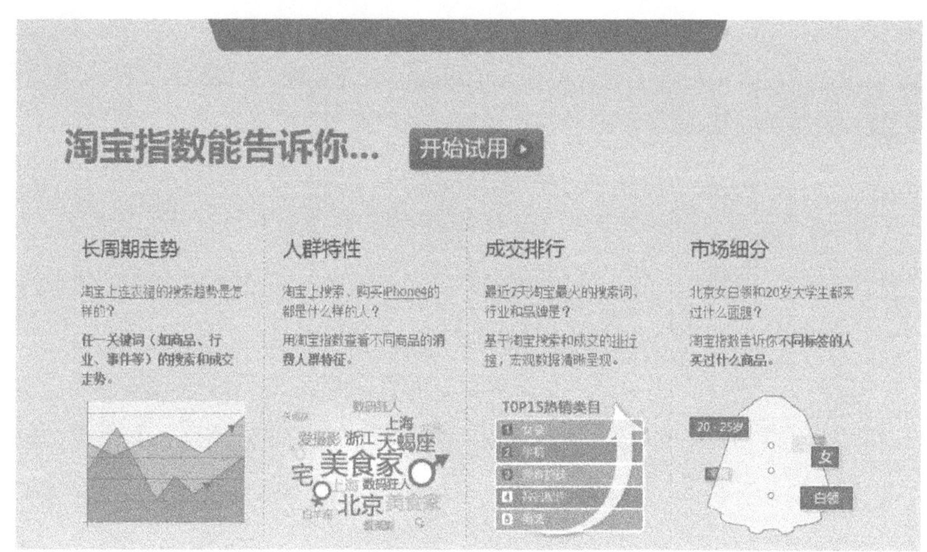

图 2-1　淘宝指数

1. 利用数据进行地域细分，寻找目标客户群

通过淘宝旅游数据我们可以发现在全国各省份中哪些省份旅游人数最多，也就意味着这个省份的目标客户群越庞大。这里可以通过研究客户群的地域喜好程度和人群比例，分析旅游景区的地域优势，这样无形之中就多了免费引流因素，为我们寻找目标客户群奠定了基础。

2. 利用大数据进行人群定位，寻找目标客户群

（1）按照性别比例和年龄数据进行人群定位

通过分析图 2-2 的内容，可以了解目标客户群的特征，即使用面膜的消费者中，男性占 20%，女性占 80%。另外，女性白领、中等消费、年龄在 25 ～ 29 岁的初级卖家，对于面膜的钟爱程度要数"我的美丽日记"这个品牌的热

销指数最高。

图 2-2　淘宝面膜指数

（2）按照买家以及消费层次数据进行人群定位

通常情况下，人们往往会注重老客户的维护，但是对于那些小卖家而言，网购新手和初级买家就像是天使一般，极为重要。因为这部分人对于网购来讲，都是菜鸟级别，对于人气、信誉、买家评价等代表的含义都不清楚，对于皇冠、钻石等级等信息更是一无所知；但是对于网购老手来讲，他们在购买产品的时候必然会多加留意卖家各方面的特点，并加以权衡后才会下定决心购买。因此，当发现某个购买人群以新手买家搜索词为主的时候，对于卖家而言，尤其是新手卖家而言，更应该注意好好把握。

从图 2-3 可以看出，初级买家所占的比重较高，资深及骨灰级买家所占比重较低。消费层次反映的是消费档次的高低，在同类产品中，消费层次中等的消费者居多。

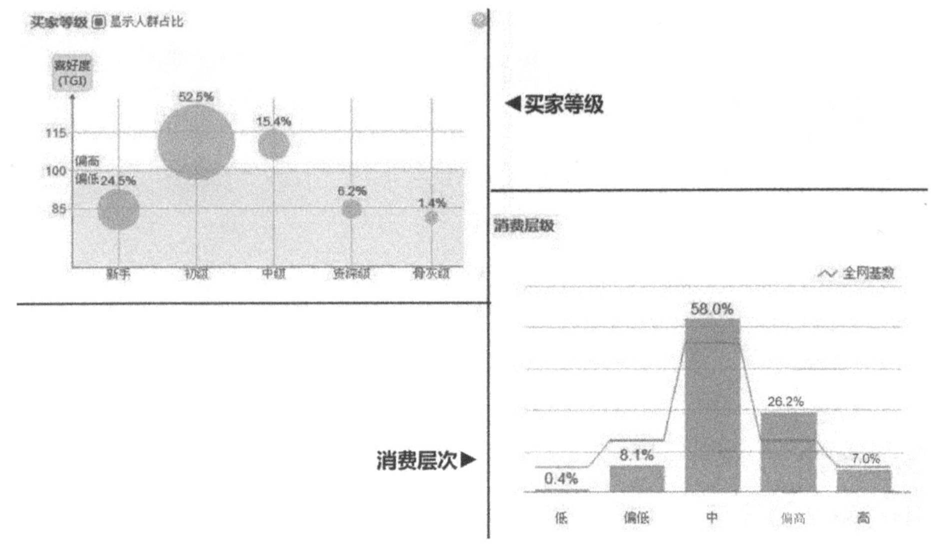

图 2-3　买家及消费层次分析

总之，分析目标客户群的相关数据，其最终的目的还是为了提高成交率和转化率，通过解读客户群数据，发现哪些是目标客户群，哪些不是，同时也可以看到自身的不足，不断改进，使企业未来的道路走得更远。

3. 大面积覆盖消费者

程序化营销的目的就是实现精准营销，然而在互联网时代，微信、微博等各种社交网络覆盖了形形色色的消费者，在这种情况下，利用大数据的分析能力将目标客户群体范围逐渐扩大，增大了消费者的覆盖面积。

以最大的社交媒体 Twitter 为例。不同的零售商都有不同于他人的用户群体，因此也有不同的使用社交媒体的策略。Twitter 的用户大体上可以分两大群体：职场用户群和青少年用户群。对于职场用户群而言，Twitter 可以说是一个高效的实时客服平台，并且还可以做市场体量调查等。例如，Warby Parker 眼镜定制公司就是利用 Twitter 作为自己的客服渠道。当然，大多数用户活跃在 Twitter 上的真正目的并不是为了消费或者买东西，因此，不要把 Twitter 当作一个广告宣传平台或者推广平台，这样往往会给广大用户带来烦感。Twitter 上的用户实际上都是喜欢互动的用户，企业可以利用这一点为用户提供一些碎片化的信息，尤其是对于青少年用户更应该如此。做到这两点，企业就可以利用 Twitter 进行更有价值和针对性的推广，这样往往能收到意想不到的宣传效果。此外，企业还可以利用名人效应，通过一些名人最近公开场合的穿戴或使用产品的方式来吸引广大粉丝的目光，最终达到营销推广的目的。

4. 洞察营销新爆点

在大数据时代，根据消费者的行为属性获得有价值的营销爆点是极其重要的，有利于企业推动新营销的发展。

那么如何才能利用大数据找到营销的新爆点呢？

（1）消费者需求洞察

消费者是产品的最终使用者，因此一切产品的生产都需要围绕消费者的需求进行，可以说，违背消费者需求的产品是毫无生产价值和意义的产品。要想创造出能够让人耳目一新、满足消费者需求的产品，首先需要做的就是挖掘消费者的需求信息，包括购买偏好、购买习惯，甚至有时候还要结合消费者的消费层次、年龄、性别等因素综合考虑，并将其分类分析，从中获取有价值的信息，最终洞察消费者的真实需求。

（2）行业市场竞争分析

竞争对手是影响企业发展的重要障碍，竞争对手过于强大，或者竞争对手拥有具有绝对优势的爆款产品，这将对企业营销同款或同类产品造成巨大的阻碍。企业主这时就应当审时度势，对市场竞争对手进行全方位的分析，找到其薄弱环节，另辟蹊径，打造出更加具有创新性的品牌，打造营销的新爆点，最终赢得市场。具体做法主要有以下几点，如图 2-4 所示。

图 2-4　通过行业市场竞争分析营销新爆点的步骤

第一步，收集尽可能多的、可能成为自身潜在竞争对手的资料，包括其上游企业、下游企业、顾客等方面的数据资料。

第二步，通过分析这些收集起来的资料，找出竞争对手，并且精准确定竞争对手的范围、确定主要的竞争对手是谁、明确竞争对手的优势。另外，为了更加直观地看到竞争对手的各个方面，还需要描绘出竞争对手图谱。

第三步，收集主要竞争对手的数据，当然这些数据要越详细越好，然后对这些数据加以整理和分析。

第四步，对竞争对手的产品策略进行分析，包括产品竞争力的分析、产品影响力的分析、产品实用性的分析。

第五步，对竞争对手的产品价格进行分析，对定价策略、价格稳定性、议价能力等进行分析。

第六步，对竞争对手的营销策略进行分析，明确其媒体策略方式、促销方式、资源来源方式等。

第七步，结合自身内部数据，与竞争对手各方面的数据进行对比分析。

第八步，如果通过对比发现自身产品优势优于竞争对手，那么就可以继续走当前品牌营销的道路；如果在竞争对手面前没有任何优势而言，并且当前产品逐渐进入饱和状态，那么就应当舍弃当前营销的品牌，重新发觉新的创新领域与价值，打造全新的能够引爆市场的产品，引领市场先机。

5. 与消费者进行深度沟通

程序化营销、移动程序化营销的出现，为广告主与客户进行深度沟通提供了更宽、更广的平台，并且机会越来越多。在这种情况下，广告主即使事先没有做好所有的广告创意文案无大碍，仅仅需要利用程序化营销模式就可以将与消费者沟通所获得的数据信息生成广告文案，并直接推送到自己的广告位上，这样做出的广告文案内容往往更能贴合消费者的需求。

当前，互联网电视已经成为非常火爆的产品，悠易互通作为国内多屏程序化购买的引领者，也全面完成了程序化电视购买的布局。随着最具营销影响力的电视媒体加入到程序化购买阵营中，也成为在 PC、智能手机、PAD 之后，程序化购买覆盖的第四种屏幕。通过电视化程序购买，企业可以通过上亿屏幕与消费者进行联系，从广大的消费者那里获得最真实的产品需求数据，为品牌提供更全面的整合营销方案。其实，也正是智能电视的普及使得电视屏幕实现了数字化＋程序化。现在，悠易互通已经与华数集团、优朋普乐等多家互联网电视运营商相互合作，寻求全新的发展机遇，并且已经顺利接入了 Admaster、秒针等第三方监测机构，确保广告的可预测性、品牌的安全性，保证营销过程按照科学的数据分析方式进行。

总之，程序化营销正在借助大数据优势颠覆整个传统媒介的采购及投放模式，为广告主带来真正低成本、高回报的营销效果。

> ### 本节小结
>
> 大数据在企业营销过程中所起到的作用是非常巨大的，利用大数据

进行程序化营销，就是实现购买程序化的方式之一。企业在营销过程中要学会利用大数据使程序化营销方式变现。

2.2　大数据变革营销流程和营销结果

如今网络语中盛行一句话："如果你爱一个人，就'人肉搜索'他，你很快就会知道他的一切；如果你恨一个人，就'人肉搜索'他，他很快就会失去一切。"这句话虽然强调的是"人肉搜索"的巨大威力，但是其中隐含的其实是大数据的价值功能。

大数据能帮助人们的不仅限于此，尤其是对各领域企业的市场营销起到了巨大的作用，也正因如此，各大企业极为关注大数据。大数据的一个重要优势就是利用数据分析技术，预测未来的发展动向和趋势，因此能够熟练掌握大数据分析技术和营销手段，将更明确企业未来的发展前景。

在当今互联网普及的时代下，社会化应用、云计算等诸多技术使得网民的网络痕迹更加清晰，并且更加容易被追逐、分析，然而这些痕迹所包含的数据是海量、可变的，企业或者第三方数据机构能够利用这些数据为企业发展提供各种咨询、策略等营销信息，这些行为实际上就是大数据营销。

大数据营销是，基于大数据应用于互联网广告行业的营销方式。大数据营销形成于互联网，又反过来服务于互联网。借助大数据的采集、分析、预测能力，企业可以使其投放的广告更加精准，从而给企业带来更多的投资回报。

大数据营销的出现，冲击着整个传统媒体领域，使得电视、报纸等媒体的阵地锐减，甚至已经进入了衰退时期。大数据的出现使得传统营销与数据得到了充分的融合，出现了全新的"数据为王"的营销格局。因此，大数据的出现变革了原有的营销流程和营销结果，这主要体现在以下几个方面，如图 2-5 所示。

首先，对原有营销方式的价值进行了再次挖掘。

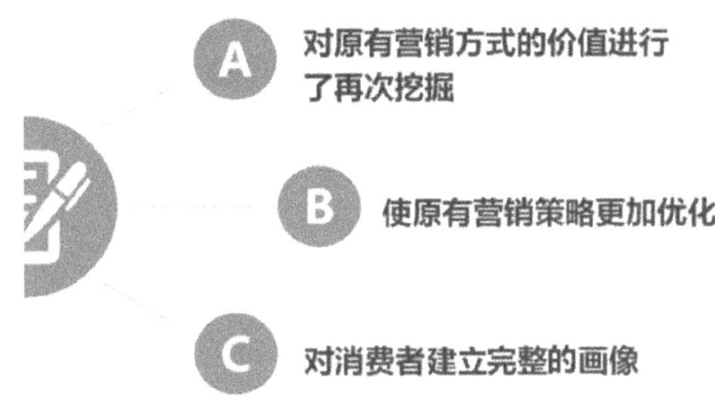

图 2-5　大数据变革了原有的营销流程和营销结果

国际商业机器公司（IBM）利用数据挖掘技术让呼叫中心产生的所有对话转换成文字，从而实现大数据营销。这样做可以让 IBM 获得以前从来没能够获得的消费者对产品和服务的需求信息。知道了消费者的需求之后，IBM 就可以快速地做出产品和服务回应，对原有产品和服务质量进行完善和提升，从而让消费者获得更好的消费体验。

其次，使原有营销策略更加优化。

以麦当劳为例。麦当劳的部分门店安装了搜集运营数据的搜集器，其目的是为了通过跟踪客户行为、客流量、预定模式等，来进行菜单变化、餐厅设计等方面的对比，从而帮助麦当劳更加有针对性地改变自己的营销策略，使原有营销策略更加优化，进而达到大幅提升营业额的目的。

再次，对消费者进行完整的画像。通过跟踪消费者行为，利用搜索引擎的浏览数据、社交数据、地理数据等对消费者的消费行为进行完整的画像，这样有助于企业更加有针对性地为消费者提供个性化定制产品和服务。

当前，基于大数据的消费者画像已经不再是口头上说说而已，对消费者画像进行分析，并且应用于营销过程中，成为诸多 B2C 企业深入认知目标客户群特性的重要工具，并且在电商等互联网企业中发挥了重要的作用，进而获得了更多的衍生收入。

宝洁公司与百度强强联合，对消费者进行全方位的画像，具体做了以下几个方面的工作。

★ 全面搜索消费者的行为数据，经过全方位的分析，洞察消费者需求。

★ 以投资回报率为导向，探讨网络媒体投放，甚至评估全媒体整个投放效果。

★ 与百度数据进行全面整合，深度挖掘，灵活聚合，对网络消费者的本质进行全方位还原并对其进行画像。

以宝洁公司旗下的玉兰油为例。在与百度合作的过程中，百度帮助宝洁公司进行了受众分析，发现很多消费者对于玉兰油的使用年龄段比较模糊，在不同的地域，消费者对于品牌的关注点也大不相同。根据这些特点，宝洁公司及时调整了营销策略，与此同时还专门为 25 岁左右年龄段的女性提供了一款细分产品，产品上市后受到了消费者的一致好评。

显然，宝洁公司已经通过在营销过程中应用消费者画像尝到了甜头，然而消费者画像的本质其实是对消费者的本质进行量化，其核心价值是实现对消费者需求的洞察。那么消费者画像应当如何建立呢？

从逻辑思维方面来讲，对消费者进行全方位画像实际上就是从具体的场景出发，结合消费者的数据表现，将其归纳为最基础的规则和方法，然后通过反复迭代的学习过程生成符合既定约束条件的最佳方案，然后再将这个最佳方案运用于类似的场景中。很多时候，用户画像是出自于一个品牌的具体业务场景，有的企业也会根据自己多年来的丰富经验，再加上它们对消费者进行访谈所获得的数据信息，然后通过工程师将业务语言一一抽象化，结合数据语言转化为通用的技术语言，之后在大数据平台产生出符合消费者真实需求的预期结果，最后再经过反复的验证，这个画像就算是真正成功了，最后一步就是付诸于实践，在真实的场景中加以应用。

具体来讲，给用户画像的步骤如图 2-6 所示。

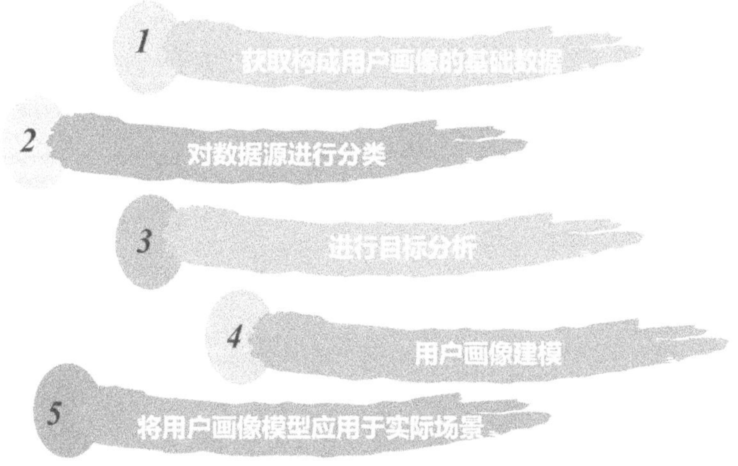

图 2-6　建立用户画像的步骤

1. 获取构成用户画像的基础数据

这些数据主要包括以下几部分：

（1）**网络行为数据**，包括活跃人数、访问和或启动次数、页面浏览量、访问时间长短、激活率、渗透率、外部触点等数据；

（2）**网站内行为数据**，包括唯一页面浏览次数、页面停留时间、直接跳出访问次数、访问深度、进入或离开页面、浏览路径、评论次数与内容等数据；

（3）**用户内容偏好数据**，包括使用 APP 或者登录网站、时间或频次、浏览或收藏内容、评论内容、互动内容、用户的生活形态偏好、用户的品牌偏好、用户地理位置等数据；

（4）**用户交易数据**，包括贡献率连带率、回头率、流失率、促销活动转化率、唤醒率等数据。

2. 对数据源进行分类

构建用户画像的目的就是还原用户信息，对用户的相关数据进行分类，主要利用封闭式分类的方法。例如，企业可以按照客户价值对客户进行分类，分为高价值客户、中等价值客户、低价值客户，所有的子分类都构成了全部客户的一个大集合。

这样对用户进行细分，可以在后期帮助企业对当前信息遗漏等进行更迭和补充，并且不用担心在结构上是否将所有的分类层次都考虑进去，因此不存在因部分遗漏而造成的隐患问题。

3. 进行目标分析

对用户画像实际上就是给用户行为打上一定的标签以及权重。标签实际上体现的是用户对某一内容的兴趣、爱好、需求等；权重实际上就是指某一指数，即用户的偏好指数和兴趣指数、需求度指数等，简单来讲就是对某一事物的主观感受程度。例如，一个用户对不同产品的喜好程度可以表示为红酒 0.2、白酒 0.5。

4. 用户画像建模

利用用户的标签和权重进行建模。通常建立一个时间模型的时候，需要满足 3 个要素，即时间、地点、人物。每一个用户在发生一个消费行为的时候实际上都是具有偶然性和随机性的，因此，我们可以将用户消费行为描述为什么样的用户、在什么时间、在什么地点、发生了什么样的行为。

（1）**什么样的用户**：实际上指对用户的标识，这是区分不同用户特点的最好方法。

（2）**在什么时间**：实际上包括两方面，一方面是指时间点，具体可以精确到某时某分某秒；另一方面是指时间长度，具体可以精确到微秒，精准的时间长度是为了真实记录和反映用户在某一页面上的停留时间。

（3）**什么地点**：即用户的接触点。这里的接触点包括内容＋网址。内容包括某一品牌的单品信息，如类别、功能属性等，并且内容决定了标签；网址即用户浏览某一产品的页面或界面，简单来讲就是网页，也可能是某一特定的场景，网址决定了权重。

举个简单的例子，同样一瓶矿泉水，在普通大型超市里一般售价是 1.5 元，在路边小卖部的售价就是 2 元，在火车上的售价就是 3 元，在旅游景区内的售价就是 5 元，这样就可以将该矿泉水表示为：

标签	权重
矿泉水 1.5 元	大型超市
矿泉水 2 元	小卖部
矿泉水 3 元	火车
矿泉水 5 元	旅游景区

在不同的网址或场景中，权重的大小是有所区别的。

（4）**发生了什么事**：即用户发生了什么样的行为，如收藏、购买、关注、评论等。

综合以上这 4 点，我们可以将用户画像的建模归纳为一个公式：**用户表示＋时间＋行为类型＋接触点**。这也就是用户画像建模的公式。

5. 用户画像用于实际

将建好的用户画像模型应用于实际场景当中。

总之，这种从用户中来又回归到用户身上的用户画像，在应用于营销过程中，给企业带来的赢利效果是非常显著的。

随着大数据营销在市场经济中的广泛使用，大数据营销对传统营销流程和营销结果的变革必将进一步深化，大数据营销的应用将会使企业的市场竞争力更加强大。

　　企业进行营销的关键就是营销流程的应用是否恰当，营销的结果是否让人满意，这是每个企业最为关注的，因此，学会利用大数据实现营销流程和营销结果的变革，是每个企业的必修课程。

2.3　大数据重构数字营销

　　大数据时代带来了很多方面的变革，数字营销也在大数据背景下进行了重构，形成了全新的营销模式。

　　所谓数字营销实际上是指在互联网、计算机通信技术、数字交互形式媒体的基础上实现营销目标的一种营销方式。数字营销借助计算机网络技术通过数字化多媒体渠道，如电话、邮件、短信、传真、网络平台等媒体化渠道开拓新市场、挖掘消费者，从而实现精准营销。

　　数字网络具有虚拟的特点，因此，数字营销的核心就是解决用户的信任问题，让消费者信任企业品牌和产品是数字营销的终极目标。

　　随着互联网和大数据的不断发展，全新的经济时代已经来临，开始体现经济效益，更多的机会摆在人们面前。

　　宝洁公司 2014 年进行了规模较大的裁员，其中 1600 名被裁掉的人员都为广告人员。宝洁公司如此声势浩大地裁员，究其原因主要在于宝洁公司相信相比传统的媒体投放渠道，Facebook 上依托海量的注册用户数据实现精准投递会更加有效而且成本低廉。宝洁旗下有一款名叫 Old Spice 的男士香水曾经在 Facebook 上创下了 18 亿次展示的记录。在宝洁的营销策略带动下，越来越多的大广告主将向Facebook靠拢，这样的举动将使Facebook未来的广告收益暴增。

实际上，不仅仅是Facebook，像Twitter这样的社交网络也会联合大广告主们掀起一场巨大的数字化浪潮，从而使全球互联网市场发生巨大的波动，与此同时也会对传统在线数字营销产业链进行重构。

随着互联网走进千家万户，在线数字营销成为企业营销的重要组成部分。如今，媒体形式逐渐丰富多样化、传播途径日渐复杂化、数据量逐日庞大且精准，这对数字营销提出了更加严峻的挑战。因此，从大数据中寻找解决方案已经成为各个企业迫在眉睫的需求。

当下，移动互联网已经成为核心引擎，超过了电视对人们的影响，成为人们获取媒体信息的主要方式，手机则成为人们获取媒体信息最主要的工具。在这种背景下，打造极致产品、搭建忠实粉丝社群、延伸商业模式就成为数字营销的主要目标。在实现这个目标的过程中，所产生的数据量越来越多，反过来对未来的商业延伸具有极大的推动作用。因此，这就决定了在移动数据时代，企业进行数字营销时必须做到3个方面：第一，有让人尖叫的产品；第二，通过产品建立数据关系；第三，利用自有数据制定其他商业模式。

因此，大数据营销＋程序化营销即为数字营销的本质，这也是数字化营销重构后的真正内涵，是数字营销迎合全球市场经济发展而进行的变革，也是一种发展趋势。而新时代的程序化营销本质上是让用户选择广告主，或者为用户提供相匹配的广告服务，通过对消费者的消费行为等诸多方面的数据信息精心分析，发现消费者和广告的个性链接，这也是程序化营销中最为关键的一环。

那么数字营销应该如何做呢？如图2-7所示。

1. 对数字营销目标进行评估

对过去设定的目标进行全面评估，具体包括以下几个方面：

（1）微博发表文章所收到的评论数量；

（2）社交网络上的粉丝数量；

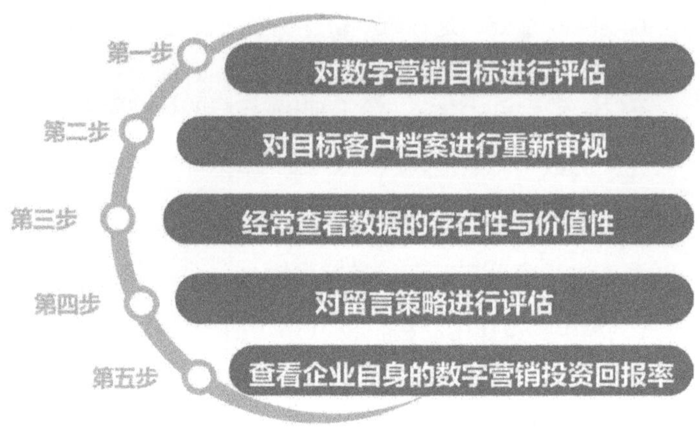

图 2-7　如何进行数字化营销

（3）有多少网站中提到了你公司的品牌；

（4）在大型网站中对你公司的企业形象和品牌口碑是如何评价的。

如果之前设定的目标已经不再适应企业的发展，那么企业主就应当及时改进自己的目标计划，同时要注意这些目标的改变都应当是以产品和服务的不断提升为基础的。

2. 对目标客户档案进行重新审视

运作良好的数字营销必然是以良好、精细的客户档案为基础的，因此，企业营销人员就应当想好哪些人群是你想要营销的对象，经过数字营销想要达到什么样的营销目的。实际上这与胸中无丘壑下笔难有神的道理是一样的，没有好的营销目标和营销策略，是很难实现数字化营销的。另外，进行数字化营销还需要企业对目标客户档案等数据信息进行不断的更新。

3. 经常查看数据的存在性与价值性

数据是一个具有动态特性的变量，很多时候随着时间、地域的变动或差异发生着改变，因此使得原始数据的价值逐渐消退，这样就需要企业经常结合当前的实际情况，对已有数据的存在性与价值性进行查看。

举一个简单的例子。假如你是一家网店的老板，并且在之前收集了诸多老顾客的数据信息，但是时隔 5 年以后，老顾客对产品的喜好、品位以及其职业、消费能力等都会发生一定的变化，因此你之前收集到的数据信息在 5 年以后的价值和存在性就大打折扣。如果你不及时对这些数据进行更新，那么将对你之后的营销带来很大的不便，往往事倍功半。

4. 对留言策略进行评估

通常，我们会将博客、微博、微信等作为获取留言的主要工具，因为从这些留言当中，可以真正地看到和感受到人们对你的产品和服务有什么样的评价。如果你的数字营销留言符合你的客户的期望，那么你会发现你的品牌在社会中的活跃度会很高。反之，则你发布的留言与客户之间的利益关系存在一定的差异性或者是相违背的。

5. 查看企业自身的数字营销投资回报率

投资回报率是企业进行数字营销必须考虑的一个环节。企业利用大数据分析投资回报率的大小，以此来判断数字营销的投资回报率，衡量投资回报率的时候，需要从两个不同的变量出发进行研究。

（1）企业为进行数字营销，在前期投入了多少资金。

（2）了解并着重分析，看哪些数据是可以转换为经济利益的。

目前，数字营销已经在多方面得到了应用，诸多企业在大数据数字营销方面做出了有益的尝试，例如，百度营销研究学院尝试进行数字资产的多维度盘点，PICC 利用数字营销分析客户诉求打造全新保险产品，可口可乐借用大数据分析为数字营销决策提供支持，雪铁龙利用数字营销跨平台和渠道追踪消费者等。

本节小结

如今，随着越来越多的企业进入大数据领域，人们认识到借助大数据进行数字营销在企业营销中的重要性，诸多公司都开始尝试利用数字营销创造新的销售奇迹，并且从中获得显著的价值。

2.4 互联网思维、大数据与产品设计及运营概述

2.4.1 大数据下的互联网思维

时代在不断变迁，诸多变化层出不穷，大数据的到来更牵动了互联网思维的变化节奏，打乱了原有商业演变的逻辑，使得商业变革朝着更加多元化的方向发展，以适应时代的变化。

互联网思维本来就是一个多元化的概念，是在互联网、大数据、云计算、物联网等多种技术的发展背景下，对市场、用户、产品、企业价值链以及整个商业生态进行重新审视的一种思考方式。

在当下，在大数据时代，互联网思维有了全新的诠释。那么，大数据下的互联网思维的核心是什么呢？

1. 挖掘潜在用户，用户至上

在传统的零售时代，人们获取信息的渠道相对匮乏，这限制了用户需求。因此，用户只能通过特定的渠道来获取自己所需要的产品。而在大数据时代，互联网思维的应用发生了改变：一方面，借助大数据的挖掘和分析技术，企业可以通过互联网得知哪些用户对产品有需求，是目标用户；另一方面，用户对自己所需求的产品可以从多渠道、多品牌进行选择，从而真正地实现了用户至上。

在大数据背景下的互联网营销，企业通过对所挖掘的用户数据进行深入分析，可以精准地判断用户需求，进而促进产品销量不断攀升。2014 年"双

11"交易额达到了571亿元，其中移动端交易额达到了243亿元，物流订单量达到了2.78亿单，共有217个国家和地区被点亮，成为全球消费者的狂欢节。2015年"618"年中大促上，京东全天下单量超过了1500万单，与2014年同期相比，增长超过了100%，其中移动端订单占有订单总量的60%。天猫与京东之所以在促销活动中取得如此好的销售业绩，其实还得归功于其商城上巨大用户量所拥有的海量数据。通过对这些数据进行挖掘，并对其深入分析，从而获得潜在用户，最终达到了精准营销的目的。

2. 激发潜在欲望，体验为王

企业为了引导用户的消费欲望，就必须寻找能够刺激其消费的方法，此外还需摒弃传统的产品质量过硬就能满足消费者的思想和观念，在全新的互联网思维的指导下提升服务，让客户在获得高品质产品的同时能够享受到高品质的服务。因此，一方面，企业利用大数据优势，在互联网基础上通过对用户的年龄、喜好、生活习惯、购物行为等方面进行数据挖掘，从而获知用户需求，并且在任何产品的研发与生产过程中，都是站在用户的立场，以用户为导向来与用户进行真诚的沟通，激发用户潜在的消费欲望，实现精准定位和精准营销；另一方面，每个用户对于产品的需求有所不同，企业力求通过个性化产品体现自己的与众不同。因此，企业为了迎合用户的不同需求，需要为用户精心设计出具有个性化的定制产品，让用户真正感受到至尊无上的体验感。

淘宝作为国内最大的互联网电子商务平台之一，拥有诸多服装品牌以及众多独特、个性化的产品和服务，因此深受广大消费者群体的喜爱。像韩都衣舍（主要是韩国风格的服饰）、茵曼（主要是棉麻类服饰）、初语（文艺青年的最爱）、恋上鱼（日系甜美风格的服饰）、AMII（外敛内张）、七格格（时尚、潮流风格的服饰）等，都是各具特色的互联网新生代品牌。它们的出现和迅速发展无疑都是对客户个性化市场细分的结果，根据细分市场对客户进行精准定位，从而极大地激发了客户的购买欲望，也实现了品牌产品精准营销的目的。

携程网是国内一家具有海量商品数据、信息数据、会员数据的旅游网站，目前注册用户数量达到了 9000 万，日均活跃用户数量超过了 150 万，景点、餐馆的累积点评量已经超过了 100 万条，每天的问答量达到了 3000 条，处于国内同行业的领先水平。然而携程网之所以做得这么好，关键在于携程网的信息与商品实现了无缝对接，消费者可以通过即问即答的方式获得全世界目的地的专家的个性化咨询，此外，用户还可以用一个页面寻找到与目的地相关的吃住行游购娱等一系列信息和商品。这样，携程就为消费者提供了景点门票、酒店住宿、旅游线路在内的一条龙服务，让消费者体验了全程一站式服务，给用户带来了很好的旅游体验。

由此可见，大数据和互联网思维的发展有着密不可分的关联，互联网思维在大数据的驱动下，使得商业模式有了全新的变革，也使得人们的生活变得更加场景化、精准化，更为企业的发展带来了巨大的前景和价值。

本节小结

大数据和互联网思维成为近年来社会各界关注的热议话题，尤其是在商界，大数据和互联网思维的应用已经超过了我们的想象，并且取得了非常惊人的效果。

2.4.2　数据在互联网产品生成各阶段的应用

互联网产品的生成需要经历 4 个阶段才能完成：第一阶段为需求阶段；第二阶段为策划阶段；第三阶段为开发阶段；第四阶段则是校验阶段。每个阶段，其实都离不开数据的支持，数据在各个阶段都起到了举足轻重的作用。

1. 需求阶段，挖掘用户需求

在互联网产品生成的需求阶段，主要是产品设计师和研发师对市场需求进行研究和调查，提出产品需求，这时就需要业务部门全力配合，通过对用户习惯、体验目标等信息作为流量数据进行统计，并建立数据库作为生产需求的依据，以便设计师和研发师有据可依地进行产品策划和设计。这个阶段是互联网产品生成过程中最重要的一个环节，因此，在这个环节中，挖掘用户需求的相关数据是必不可少的步骤。

2. 策划阶段，用数据说话

在策划阶段，策划者需要对产品的功能和性能等的说明做一个更加详细的量化，然而这个量化的过程就需要用数据说话，利用之前在需求阶段挖掘的用户需求数据库中的数据，对产品原型图和流程图等进行准确描述和说明。之后要通过专家对设计的结果方案进行评审，并签字确认，交由程序员，再由程序员判断和评估产品开发大致需要的时间和任务分配。策划方案真实体现了用户的交互过程，因此美工、视觉师要根据策划中所提及的数据进行页面设计、风格布局。

3. 开发阶段，真实再现数据

开发阶段是产品初步成型的阶段，在这个阶段要注重对数据的真实体现，从而达到产品成型的预期目标。在这个阶段，程序员应当根据系统需求对产品进行概要设计、数据库设计，并且需要进行内部讨论和评审，还需邀请顾问参与。程序员如果在执行的时候遇到疑惑或不解，应当及时向策划者提问和沟通，力求做到产品真实再现数据。如遇改动，则程序员需要向策划者提供改动的数据文档，并获得需求方和技术方的签字同意后才能生效。

4. 校验阶段，用数据检测

待产品修复完成之后，就需要对产品进行测试，通过收集用户实际操作数据，检测使用，来发现缺点和不足，出具检测报告，并将其反馈给开发者。之后再检验产品是否在改进之后达到预期目标，以使产品最终定型。

数据在互联网产品生成的整个过程中都是不可或缺的一部分，只有充分利用好用户数据，才能使互联网产品更加符合用户需求，才能给用户带来更加舒适的产品体验。

本节小结

传统的产品设计、工艺设计、生产管理等环节都是通过纸质文件完成的，而在如今的"大数据＋互联网"时代，这种方式已经成为过去式，互联网赋予产品全新的生产模式，尤其是大数据的出现，让互联网产品有了更加显著的差异和特色，在产品研发周期缩短、产品成本降低、产品质量提高、产品性能改善等方面的作用都是史无前例的。

2.4.3　大数据在企业的互联网运营、营销各个环节中的应用

2015 年 3 月 5 日，国务院提出了"互联网 +"计划，全力支持互联网、电子商务以及网络金融的发展。"互联网 +"已经成为当下的热词，并且与大数据、云计算、物联网、电子商务等有了千丝万缕的联系。互联网与大数据的发展息息相关，并且两者相辅相成地推动了企业运营和营销，极大地促进了企业的发展。

"互联网 + 大数据"的创新营销模式逐渐形成，成为互联网营销最前端的先行者。大数据在企业互联网运营和营销环节中的应用具有多方面的优势。

首先，资源共享。信息是可以在企业间进行交互和交换的，如果多个企业能够建立起一种信息共享机制，将各自的信息拿出来通过互联网与他人共享，那么就会弥补自己在品牌、区域等方面的缺陷，与此同时还可以扩大自己的客户资源。

众所周知，1+1=2，但资源共享也可以使企业的数据资源和客户资源都得以扩增，实现 1+1 > 2。如果能够使诸多企业建立信息共享机制，那么每个企业所获得的价值将是非常可观的。假如有 50 个规模相当的企业加入信息共享体系，那么每个企业将会获得相当于自身 50 倍的数据资源和客户资源，这对于企业的长足发展是极为有利的。

其次，便于客户关系的管理和维护。 无论是传统营销还是互联网营销，都少不了对客户关系的管理和维护，否则将会使客户逐渐流失甚至消亡。利用大数据对客户分类、整理，并在不同的时间节点策划不同的互动活动让客户积极参与，可以维护企业与客户之间的关系，树立企业美好的形象，增加企业订单，这些都是非常具有正面意义和效果的。

最后，提升营业额。 互联网营销实际上就是借助互联网免费的特点，花费最少的成本赚取最大的利益。客户关系维护得好，自然会增加重复购买率，并且这些老顾客还会主动加入免费宣传行列，为企业做免费宣传，从而为企业挖掘更多的潜在客户，进而形成良性循环，为企业带来更多的营业额。

那么大数据具体在互联网运营和营销中是如何应用的呢？如图 2-8 所示。

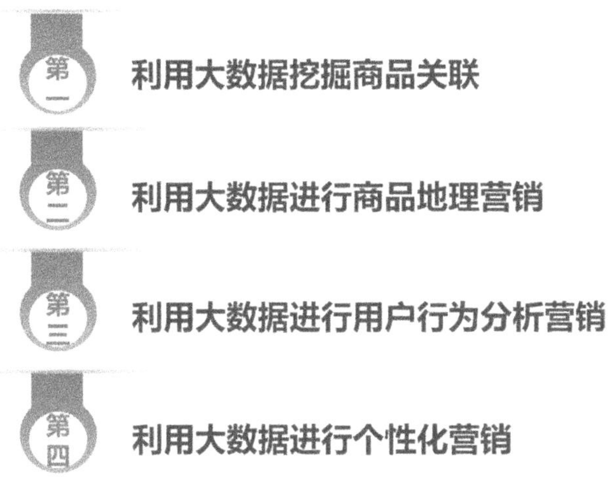

图 2-8　大数据互联网运营和营销中的应用

第一，利用大数据挖掘商品关联。 大数据的价值就是通过对数据的挖掘发现事物之间的关联。企业也可以通过对原有数据的分析建立起产品相互之间的数据关联。大数据的关联性实际上是基于小型数据库的分析结果，根据大数据的关联性挖掘关联商品，可以在更大程度上完善推荐界面信息，进而激发用户的潜在需求。

1号店根据消费者的浏览和购买习惯，通过对消费者经常同时购买的商品记录进行分析，在库房中将关联度比较高的商品摆放到一起，这样，拣货员在拣货打包的时候就可以节省很多时间。而阿里巴巴也精于此道，利用用户搜索、浏览以及收藏、购买商品的记录来作为企业生产和进货的依据。

第二，利用大数据进行商品地理营销。通过对网站上的数据交易进行分析，获得每个地方人们的爱好，从而制定有针对性的营销策略。通常，很多互联网企业是在进入商品交易环节后才要求用户选择产品收货地址，只有很少一部分企业在用户刚进入网站的时候就邀请用户填写收货地址，实际上只有这一少部分企业真正地注意到了利用大数据进行商品地理营销的重要价值。地理营销有助于企业发现地理区域导致的用户对产品的差异化需求，可以帮助企业有效地改进产品或服务的细节，让产品能够更加满足用户的需求。

第三，利用大数据进行用户行为分析营销。互联网企业通常利用用户在浏览网页过程中所留下的记录对用户的消费习惯、消费行为等数据进行分析，从而发现并找到企业的潜在用户，进行精准的广告投放，这样可以有效地提升用户的购买率。

第四，利用大数据进行个性化营销。目前消费者的个性化需求已经变得越来越强烈，互联网企业也逐渐将目光转移到了满足消费者个性化需求的方向，邀请消费者收藏或关注自己喜欢的产品，利用大数据，根据消费者收藏的产品划分消费者的需求类别，进而为消费者推荐或提供更加个性化的产品，满足消费者的需求。

大数据在企业互联网运营和营销中的应用会随着时间的发展向着更加成熟的阶段发展，并在其运营和营销活动中发挥巨大价值，从而不断提升消费者满意度和用户体验，为企业的互联网运营和营销带来更加美好的前景。

本节小结

　　因为有了互联网，才会在之后有了大数据，这就意味着大数据的最佳载体就是互联网，而对于大数据的应用，首当其冲的就是基于大数据的互联网营销和运营的应用。大数据驱动互联网营销和运营，把适当的信息以适当的方式传递给了适当的人，从而使互联网营销产业链的上下游沟通变得更加有效，更好地解决了互联网营销和运营过程中所面临的效率问题。

2.5　数据支撑互联网营销活动优化

通过数据挖掘优化营销效果

　　随着社会进步和信息技术的不断发展，数据信息得到了快速增长，以至于用"海量、爆炸性增长"等词汇都无法形容数据的增长速度之快。面对纷繁浩杂的巨量数据信息，从中提取有价值的数据来为人们服务，是数据应用的关键所在。由此数据挖掘技术应用而生。

　　所谓数据挖掘就是通过对海量数据进行分析，从大量数据中寻找规律，提取有用、有价值的数据。

　　巴黎欧莱雅集团推出了一款专属其公司的 APP，命名为"时妆时刻"，其目的是为了在收集顾客需求信息的同时，完成对信息数据的统计，即分类工作，以帮助巴黎欧莱雅确定自己的彩妆产品应当向哪个方向发展。用户可以利用这款 APP 进行彩妆拼图，根据自己的照片在网上进行化妆品试用。此外，巴黎欧莱雅还为用户提供了一些高端的化妆技巧作为参考，如巴黎时装周、戛纳电影节现场那些走红毯的大牌明星的化妆方法。软件向用户提供了常用的简单化妆技巧。这个功能通过让用户参与彩妆互动，拉近了巴黎欧莱雅和用户之间的距离。更重要的是，利用这种方式，巴黎欧莱雅获得了强大的数据收集和数据分析优势，通过调查消费者对某产品的需求度，利用该软件对这些数据进行统计分析，然后将所得的数据上传到云端，管理者可以一目了然地看到这些数据，并且根据这些营销数据所提供的发展趋势，决定产品是否需要做进一步调整。

巴黎欧莱雅采用这种营销模式，实际上不但与用户亲密互动，增加了双方之间的情感，拉近了双方之间的距离，更重要的是极大地提高了数据利用率，而其中关键的一点就是利用了数据挖掘技术，从庞大的原始数据中获得了最有价值的数据信息，将营销推向了更加完美的方向。

诚然，企业利用大数据挖掘的例子是很多的，通过数据挖掘技术也能够使得企业的营销效果得以优化，这主要体现在以下几个方面。

1. 了解整体销售情况

通过分类信息，根据商品种类、销售数量、商店地点、价格和日期等可以了解企业每天的运营情况和财务情况，企业管理者从而可以对每日的销售量的涨跌情况等有一个全面、详细的了解。

2. 降低库存成本

通过对营销的整体情况的了解，可以将销售数据和库存数据进行对比分析，判断哪些商品需要补充库存量，从而确保库存的合理利用，降低库存成本的浪费。

3. 商品关联布局

基于大数据具有关联的特征，企业管理者可以通过对客户的购买习惯等数据的分析，确定购买者在购买产品时的购买路径、购买时间和货架摆放等所有环节，来合理安排商品的货架摆放方式，从而达到最佳布局结构。

4. 掌握市场趋势

通过挖掘客户购买行为和仓库存储等数据，并对其进行深入分析，判断客户对产品的喜爱程度，进而对市场趋势加以把握，并且对产品是否需要增加产量等做出合理的决策。

5. 细分客户群体

通过数据挖掘技术将客户按照不同类型、不同属性进行细分，企业能够在很大程度上实现精准营销。

6. 高效促销商品

通过对客户的购买偏好进行分析，确定商品促销的客户范围，以此来制定更加符合客户喜好的促销产品，最终实现高效促销的目的。

7. 分析客户诚信度

通过分析客户的差异性，判断客户是否存在欺诈行为，从而挖掘到诚信度比较高的客户。

大数据在人类生活的各个领域中所蕴含的巨大价值正在向人们逐步展现，数据挖掘技术在企业运营中的应用比较突出，对于企业优化营销的效果也是比较显著的，因此企业管理者要加大对数据挖掘技术的利用，从而让企业获得更大的营销利润。

本节小结

利用数据挖掘技术制定具有针对性的运营策略，这在增加企业用户数量和提高用户质量等方面具有明显的效果，同时也优化企业营销效果的前提和基础。

2.6　大数据用户生命周期管理

2.6.1　客户生命周期管理

如同企业的产品具有生命周期一样，客户也同样具有生命周期。所谓客户生命周期是指一个用户对企业犹如生命循环的一个过程，即诞生、成长、发展、衰老、死亡的过程。具体到一个企业来讲，如销售业，客户的生命周期应当包括开始消费、消费成长、消费稳定、消费下降、不再消费的过程。

客户生命周期管理实际上是从客户考虑购买产品开始，到其对企业收入的贡献和成本的管理，不再消费的预警和挽留客户并将用户赢回的整个过程。

客户关系在生命周期的发展中是进行阶段性变化的，客户关系的划分是研究客户生命周期的基础。通常，客户生命周期管理分为 5 个阶段。

第一阶段：**客户获取阶段**。发现和获取目标客户，并向潜在客户提供有价值的产品和服务，使其成为真正的客户。

第二阶段：**客户提升阶段**。通过打造符合客户需求的产品和服务刺激客户产生消费行为，让客户为企业创造更高的价值。

第三阶段：**客户成熟阶段**。通过引导，让客户使用企业最新研发的创新产品，让客户成为企业的忠实客户。

第四阶段：**客户衰退阶段**。建立客户衰退的高危预警体系，延长客户的生命周期。

第五阶段：**客户离开阶段**。制定挽留客户方案，赢回客户。

京东非常善于利用客户生命周期进行差异化营销。京东在营销过程中会对比新老客户的历史购买记录：新客户的购买时间小于 13 个月，购买金额在

400 元左右，且变化波动较大，流失率较高；老客户的购买时间为 12 ～ 24 个月，购买金额往往超过 600 元，变化相对稳定，流失率较低且逐渐形成较稳定的状态。从这个总结出的规律中，京东得出了一个结论，即客户生命周期的第 14 ～ 24 个月是客户提升阶段发展到成熟阶段的节点。

客户生命周期的长短决定了客户为企业所创造价值的大小，因此，企业应当想方设法制定延长客户生命周期的策略和挽留客户的方案，从而让客户对企业价值的贡献达到最大化。

本节小结

大数据驱动下的全生命周期价值客户是企业营销的核心人群，企业应根据不同客户的生命周期和类型，应用不同的动态保持模型和策略，这样才能更加有效地实现精细化营销。

2.6.2　用数据管理用户生命周期

企业营销最为关键的问题就在于如何获得长远利益，而不是抓住眼前的短期利益。因此，延长客户生命周期对于企业来讲显得尤为重要。管理用户生命周期的目的就是让客户的终生价值得到最大限度的发挥。因此，基于这种需求获取有效客户数据的技术就诞生了，使得对客户的研究更加深入、透彻。可以说，有效延长客户生命周期的最终目的是使客户生命周期价值最大化。

那么究竟应该如何利用数据进行用户生命周期管理呢？如图 2-9 所示。

1. 利用大数据获取客户（针对第一阶段）

大数据可以分为主动数据和被动数据两大类。

主动数据是依靠人为的收集、筛选、生成大量数据。例如，客户在购买产品的过程中填写的个人资料、与客服交谈中透露的个人信息等，通过收集这些数据信息，并进行深入分析，得出客户的购物喜好等，可以帮助企业更好地为客户服务，让其成为企业的忠实客户。

被动数据即企业在搜索引擎中获取客户的搜索记录、商品浏览记录、购买记录、支付记录等数据，将其汇集在一起，经过分析提炼，将该客户的行为习惯的大概情况描绘出来，并对该客户未来可能进行的购买行为进行预测，进而引导其购物，让其成为企业真正的忠实客户。

无论是主动数据还是被动数据，都是企业通过对那些并无头绪的大量信息进行分析、筛选而得出的。企业应当利用其中有价值的部分为自己精准地找到潜在客户。

想要精准地找到潜在客户，企业在利用数据的过程中要注意以下几个方面。

（1）**数据要可靠**。作为分析客户需求、获取客户的原始数据，一定要是实时精准的数据，这是企业获取客户的最基础的环节，只有可靠、实时的数据才能真实地传递客户的需求信息，了解目标客户是否会真的产生购买行为。如果获得的数据是该客户上年的浏览信息和购买喜好等，那么随着时间的推移，客户对产品的需求和购买喜好也会发生变化，因此就导致了企业对客户是否是目标客户的判断产生一定的偏差。

（2）**数据传递要顺畅**。企业在运营过程中，要想收集到更有价值的数据，就要保证业务流程的流畅性，保证数据不缺失、不发生异变，只有这样才能更加精准地分析客户的需求。

（3）**数据分析要精准**。这是进行客户生命周期管理过程中非常重要的一个环节，也是企业能够获得真正目标客户的关键。

2. 利用大数据刺激客户产生消费行为（针对第二三阶段）

通过对客户购买行为的数据分析，洞察客户需求，进而为客户量身定做专属的个性化产品和服务，让客户心动，从而使客户为企业创造更高的价值。

3. 全方位分析客户流失原因，挽留客户（针对第四五阶段）

利用数据挖掘技术分析客户流失的原因，并针对可能流失的客户制定相应的挽留计划和策略，改善用户体验，有效地挽留客户，减少盲目营销的可能性，从而在根本上解决客户流失的现状。

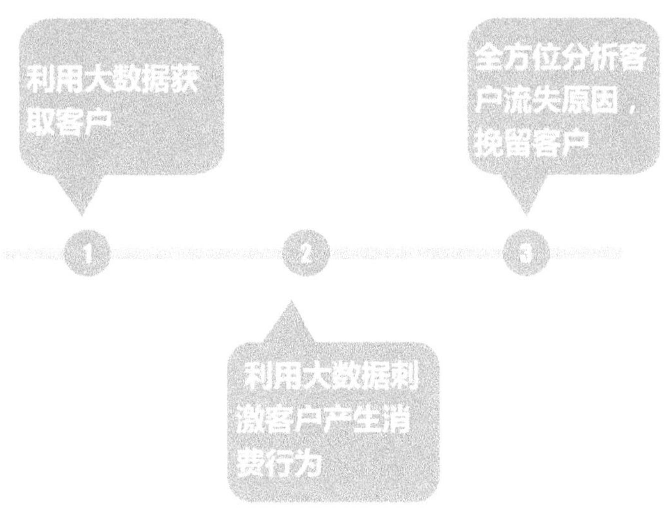

图 2-9　利用数据进行用户生命周期管理的步骤

在这里我们简单地举个例子来说明。淘宝的一家服装店近两个月的客户流失比较严重，客户的重复购买率严重下降，因此导致销量急剧减少。面对这种情况，该店老板会与之前的客户进行深入的交流，从交谈中发现客户对店铺产品或服务的不满，并将各种不满信息汇集起来，分析筛选客户流失的主要原因。如果是产品质量需要改进，则会加大力度整顿产品质量，保证产品满足客户需求；如果是服务质量有所下降，导致客户情绪不悦而带来客户流失，那么店铺老板则需要严厉整顿客服人员的言行举止，让客户重新获得上帝般的服务体验。通过对产品和服务质量进行改进和提升，从而挽留住客户，才能让客户重新愉悦地回归店铺购买产品。

数据具有体量巨大、种类繁多的特点，在企业运营过程中，每位客户从"诞生"到最后的"消失"都是一个生命周期中的环节，只要能充分利用好大数据来管理这些环节，那么企业的长远营销利益必将实现。

本节小结

客户生命周期是一个在营销过程中随着其他因素的变化而改变的变量，分析客户生命周期的变化，我们必须借助数据来实现。企业利用数据对客户生命周期进行管理，一方面有利于充分发挥数据价值，另一方面有助于为企业制定营销决策提供更加科学的依据。

Chapter 3
第三章

大数据营销之道——要点与方法

如今，越来越多的企业开始借助大数据营销的方式和手段建立起了与消费者生活息息相关的营销模式，但是能否掌握好大数据营销的要点和方法，是决定大数据营销成功与否的关键。

3.1　大数据时代，你准备好营销了吗

3.1.1　从大数据中可以收获什么

尽管以上章节已经阐述了许多大数据的作用，可是对于大数据究竟能够给人们带来什么，很多人没有一个直接的答案。简单来说，大数据能保证产品得到更加合理的运营，因为它能帮企业找到最合适的营销模式。

所谓营销模式不是指营销的手段，而是一个庞大的体系。它包括两大方法：一是客户整合法，就是按照客户的需求来调整资源在运营方面的配比；二是细分市场法，就是按照企业的管理体系去进行市场营销，如图3-1所示。至于那些所谓的营销手段必须要围绕营销模式去展开的观点则见仁见智，有人认为营销模式对企业的成功起到70%的作用，而营销手段起到30%的作用。

大数据能为企业提供很多营销业绩方面的数据，如市场占有率、销售额、利润、影响力等。企业只有知道这些数据才能精确制定自己的营销模式。企业制定好营销模式后，在营销过程中也需要利用大数据。

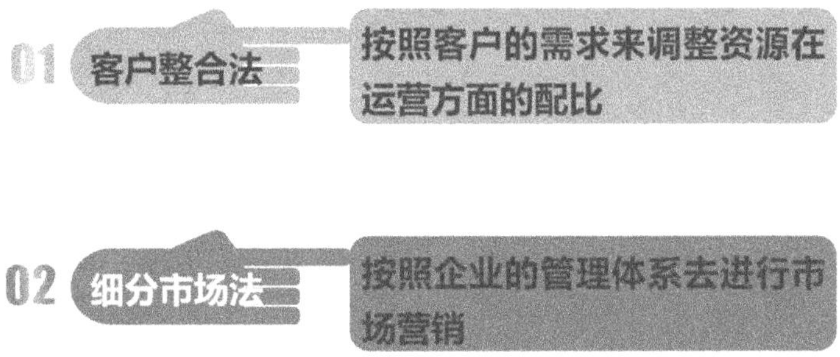

图 3-1　实现大数据营销的两大方法

用大数据来指导企业运营一直是"品牌联播"的经营理念。管理层通过大数据发现，在线下运营的成本要远远高于线上，而且不能及时得到用户的反馈信息。可是线上就不一样了，线上不仅投资小，而且能快速地得到用户的反馈，然后技术人员用大数据分析，很快就能找到产品在市场上的定位。

为了更好地营销，"品牌联播"将大部分精力放在线上。线上的营销方法分为口碑营销和新闻营销两种，其借用的平台包括人民网、央视网、新华网、搜狐网、凤凰网等，极大地提高了自己的知名度。

以上的实例属于客户整合法，也就是根据大数据去了解用户消费的倾向性，然后再制定销售计划。假想"品牌联播"采取线上、线下并重的经营模式，必然会造成资源的严重浪费，因为大家都知道，如今受互联网冲击最严重的行业就是纸质传媒。"品牌联播"要是不缩小这方面的比重，在线上的赢利就要弥补线下的损失，这样一来线上的营销也受到了影响，长此以往将是一个恶性的循环。

说到细分市场法，就是要求企业有自知之明，这样才能更好地利用自己有限的资源。下面我们通过一个实例来看一看，大数据是如何帮助企业进行市场细分的。

提起奥马冰箱，国内知道的人并不多，可它却是我国外贸出口冰箱的冠军。厂家管理层仔细分析了国内市场的大环境，论资金和知名度自己都不如海尔，如果非要跟海尔比拼实力自己必然会失败，于是派人做市场调查，希望找到一条适合自己发展的道路。

经过大量的数据分析以后，奥马冰箱找到了适合自己的发展道路，那就是制作一种小型而且便宜的冰箱，把它卖给90后的打工一族。据统计，每年的大学毕业生大概有700万人，这些人大多会进入城市务工。租房生活给他们带来了极大的压力，所以他们在冰箱的选择上更喜欢携带方便而且便宜的。

为了方便广大青年去购买，奥马冰箱与京东商城进行了合作。一款畅销国外的单门冰箱只要550元，小双门的冰箱则不到800元。这样经济实惠的产品受到了许多年轻人的欢迎，给奥马冰箱带来了巨大的销售额。

由此看来，大数据不仅能帮助大家找出营销的大方向，还能找出细节的地方。试想，如果奥马冰箱不采用这样的营销策略，而是一味地跟海尔比性能，争夺国内所有阶层的市场，这种营销方式必然会失败。可是利用大数据，它却很成功地吸引了人数众多的学生党。这就是大数据能够给企业带来的益处。

此外，企业还可以利用大数据指导以后的生产。例如，奥马冰箱的厂家也可以研发一下非常适合学生使用的洗衣机，估计也会有大量的用户。所以说，大数据能够给企业带来的好处是无处不在的，企业务必好好使用它。

本节小结

大数据能够给企业带来的巨大价值是我们难以估量的，关键在于企业是否具备一双能够挖掘大数据价值的慧眼以及能否有效利用大数据的营销决策，这样，企业就可以知道自己需要的是什么，能够从大数据中获得什么来达到什么样的目的。

3.1.2　大数据营销思维可以改变什么

大数据实际上是一场工作、生活上的思维变革。维克托·迈尔·舍恩伯格与肯尼思·库克耶在其著作《大数据时代》一书中提到："大数据思维的变革具有更加深远和巨大的意义。"

目前，大数据营销已经随着数字生活空间的普及而逐渐呈爆炸式增长趋势。大数据营销借助于大数据平台，将网络广告在对的时间以对的方式投向对的人，从而增加了广告的精准投放率，最终给企业或品牌带来更高的回报。

事实上，大数据营销较传统的营销有诸多优点，具体表现在以下几个方面，如图 3-2 所示。

	大数据营销	传统营销
数据采集对比	大数据本身具有多样化的特点，采集数据多元化可以将网民行为刻画得更加形象、生动，有助于实现精准营销。实现数据采集多元化的渠道有互联网、移动互联网、广电网、智能电视等	不进行数据采集
时效性对比	基于网络"快速传播"的特点，大数据营销也具有很强的时效性，大数据营销会随着网民的购买方式和购买行为在短时间内改变而进行及时调整，从而满足网民的消费需求	不借助大数据营销，因此时效性很差
个性化对比	大数据营销向受众方向转变。借助于大数据技术可以得知目标受众身处的具体位置，以及目标受众关注什么样的位置和屏幕，可以实现不同用户在同时关注同一媒体的相同界面时，根据自身的不同需求而看到不同的广告内容，这充分体现了营销的个性化特点	传统营销活动往往是以媒体广告为主，通常选择一些知名度高、浏览量大的媒体进行广告投放。因此，基本上没有什么个性化而言
性价比对比	大数据营销让营销对象更加精准化，因此做到了有的放矢。此外还可以根据网民的实时反馈对投放策略进行及时的调整，突出了大数据营销高性价比的优势	传统广告投放的时候属于散弹式投放，没有一定的精准性，因此广告费用在很大程度上被浪费掉了

图 3-2　大数据营销与传统营销对比

第一，采集多元化。大数据本身具有多样化的特点，采集数据多元化可以将网民行为刻画得更加形象、生动，有助于实现精准营销。实现数据采集多元化的渠道有互联网、移动互联网、广电网、智能电视等。

第二，时效性较强。基于网络"快速传播"的特点，大数据营销也具有很强的时效性，它会随着网民的购买方式和购买行为在短时间内改变而进行及时调整，从而满足网民的消费需求。

国内知名企业 AdTime 无疑是进行大数据营销方面的领先企业，在激烈的市场竞争中致力于为客户提供更多数据营销的方向，并且帮助传统企业加快实现互联网化的进程。这家企业在实现大数据营销的过程中对事件营销提出了相应的策略，通过技术手段充分了解网民的实际需求之后，及时响应其当前的需求，从而让网民在购买的"黄金时间"内能够及时看到商品广告，最终实现定位营销和精准营销。

第三，营销个性化。当前，广告的营销理念已经从原来的"媒体导向"逐步地转向"受众导向"。以前的营销活动往往是以媒体广告为主，通常选择一些知名度高、浏览量大的媒体进行广告投放。现在，这种方式已经完全发生了改变，已经向受众方向转变，这样做可以借助于大数据技术得知目标受众身处的具体位置，以及目标受众关注什么样的屏幕。借助于大数据，广告投放可以实现不同用户在同时关注同一媒体的相同界面时，根据自身的不同需求而看到不同的广告内容，这充分体现了营销的个性化特点。

第四，性价比较高。传统广告投放的时候属于散弹式投放，没有一定的精准性，因此使得广告费用在很大程度上被浪费掉了。而大数据营销则让营销对象更加精准化，因此做到了有的放矢。此外广告商还可以根据网民的实时反馈对投放策略进行及时的调整，突出了大数据营销高性价比的优势。

基于大数据营销思维的以上几个优势，大数据营销思维实现了以下几个方面的改变，如图 3-3 所示。

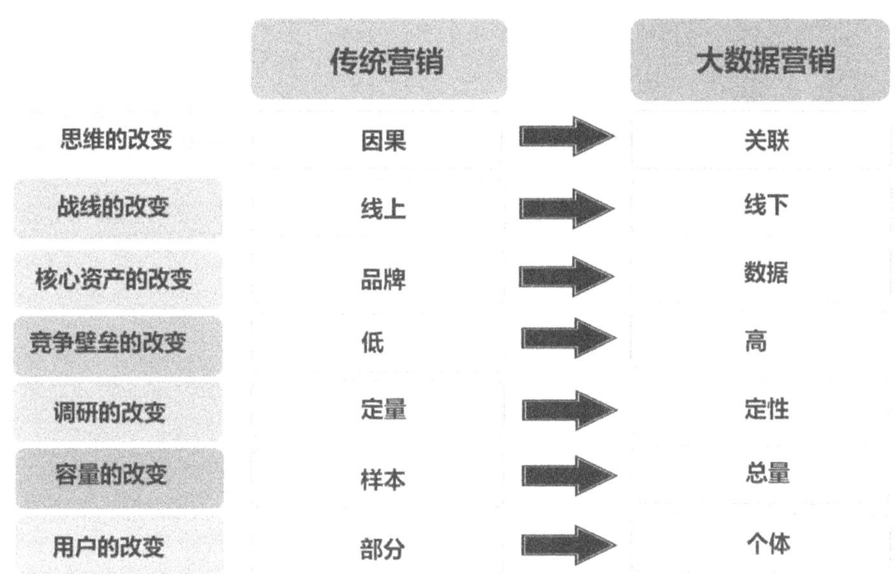

图 3-3　传统营销转向大数据营销的改变

1. 思维的改变：从因果到关联的改变

传统营销思维强调的是"为什么"，寻求的是营销行为和销售结果之间的因果关系。大数据营销思维则注重"是什么"，从而了解营销与效果之间的关系。

2. 战线的改变：从线上到线下的改变

传统营销思维基于互联网进行线上销售。

大数据营销思维则贯穿于线下的一些长期积累了大量数据资源的集团或者企业，这些集团或企业很有可能借助于其庞大的数据资源而呈现井喷式增长趋势。

3. 核心资产的改变：从品牌到数据的改变

传统营销思维认为品牌才是企业发展的核心资产，因此将营销重点放在了品牌提升的层面上，最终导致产品过剩。

大数据营销思维则认为数据本身是最具价值的资产，也是新兴商业诞生的基石，营销的主要目的就是能够实现精准营销，利用大数据巨量的特点来挖掘其潜在的巨大价值。

4. 竞争壁垒的改变：从低到高的改变

传统营销思维并没有因为大数据而形成竞争壁垒，因此企业在营销领域不会有出奇制胜的机会。

大数据营销思维则是借助于大数据而形成强劲的竞争壁垒。作为新成立的企业，如果不具备大数据优势，就很难在已有的市场中立足，更不用说与已有企业进行抗衡，甚至占领市场。原因在于原有企业已经在市场中拥有了海量的客户交互数据，那些企业可以根据这些数据为客户提供更多的优质服务，使用户的需求得以满足，并使用户对企业形成依赖，成为企业的忠实客户。

5. 调研的改变：从定量到定性的改变

传统营销思维的应用使得诸多不可量化的关键因素得以存在，如消费关系、用户喜好、购买习惯等。

大数据营销思维则可以将一切都进行量化，无论是用户的购买喜好、购买习惯，还是用户的购买经历、购买情感等都可以被数据化。企业可以借助数据观察到每位用户在某方面的微妙变化，这样，每位用户都可以被数据化，进而被记录和分析。

6. 容量的改变：从样本到总量的改变

传统营销思维使营销人员习惯于选取有限的样本用户进行相关统计，从而决定调研结果是否精准。

大数据营销思维则认为数据统计和分析的样本等于总量，认为无论什么样的用户，其本身具有的即便是模糊残缺，甚至是错误的数据也都具有不可估量的价值。

7. 用户的改变：从部分到个体的改变

传统营销思维是按照相似的特性将用户归为一个群组来细分用户，通过不同的群体爱好和特征，将用户群分为潜在用户群、核心用户群、高价值群、低价值群等。

大数据营销思维是将用户具体落实到每个个体，并记录每个用户的行为特征，对这些记录的数据进行分析之后，可以预测用户的购买喜好，激发用户的购买行为，引导用户购买产品，并为其提供个性化定制服务。

大数据营销思维的出现对传统商业模式的发展实际上是一种强大的冲击，使得传统营销思维的多方面都得到了改变，进而使得现代营销的目标更加趋向完美。

本节小结

大数据营销是当前企业营销的重要方式，给企业带来的巨大影响力和冲击力是我们有目共睹的，诸多互联网巨头公司都离不开大数据营销。但是即便是一些中小微企业，也不能缺少大数据营销的思维，毕竟大数据营销思维是未来企业发展的一个趋势，在很大程度上能够帮助企业实现更高的利润目标。

3.1.3　大数据时代，营销的切入点在哪里

大家都写过文章，知道"话不在多，关键要切题"的道理，企业营销也是相同的。例如，按照客户的需求研发产品，差异化能给企业带来很多利益，但是这些招式不适合所有的企业，所以企业必须找到适合自己的切入点，这样制定出来的营销方案才能奏效。

有些企业寻找切入点的时候容易犯一个错误，那就是拿别人成功的经验做参照，而不是反思自己产品不畅销的原因。这样找到的切入点有一个最大的缺点，就是缺少了基础。这就好比写字，你已经写了 3 年的颜体，发现总是表现

不出颜体的厚重，就改行学欧体，此时要改的不只是间架结构，还包括笔法、力度等要素。所以不如在原有的基础上进行修正，除非市场的大环境要淘汰这种产品。

关于如何找出产品不畅销的原因，以上章节已经介绍过。例如，海尔集团发现农户洗衣机堵塞的原因是农民用它来洗地瓜。知道这个原因后，技术人员只需解决排水方面的问题就可以了，完全没必要停止生产这种产品。可是从找准切入点到解决问题，还有许多步骤要完成，这个时候，正确的方法最重要。

有一个工厂的高级仪器出了故障，技术人员通过仪器找出了故障所在，可是怎么也修不好它，最后只能去请专家。专家一番检查后，给仪器更换了几个螺丝钉，仪器就照常运转了。

工厂给了专家 1 万元。几个技术人员不服气，认为专家不过就是更换了几个螺丝，不应该得到这么多的报酬。专家说，我的价值在于发现了问题的真正所在，并找到了最好的解决方式。

原来是仪器高速运转后，产生了巨大的热量，螺丝在经历了几次热胀冷缩后，就发生了变形，所以不能正常工作。

这就是关于问题的切入点的重要性，它有时候往往有所隐藏，所以企业在选择营销切入点的时候，一定要慎重，要不采用了错误的方法，很可能会导致更大的错误。以很简单的劈柴为例，有经验的人会按照纹理去劈开，可是没有经验的人很可能会乱劈一气，最后把斧头弄坏了。

以上介绍了发现问题和解决问题的方法，但是有人会说，问题分为两种，眼前的问题和长远的问题，只解决了当下的问题，不算完成任务，所以企业还得解决长远的问题。有人问什么叫长远的问题。在这里需要引用"源远流长"这个成语，也就是说，越是根本的问题就越是长远的问题，如产品质量、潜在客户、运营渠道等。

在这几个问题中，我们重点来看看如何挖掘潜在客户，因为潜在客户不仅是商业活动的开端，也是终点。企业无论找什么样的切入点，都应该以它为基础。

许多人都喜欢旅游，也必然会遇到一个让人头疼的问题，那就是托运行李。尤其是搭乘飞机时，托运行李需要很长的时间。

海南航空公司为了解决旅客的这个问题，在微信平台上推出了一条激动人心的消息："20秒完成行李托运。"这样的标题当即吸引了许多人的关注。

航空公司通过大数据，就能知道旅客最急于解决的问题是什么，以此为切入点，必然会引来许多人的关注和分享。在"旅游热"的今天，这种方式能收获很多的潜在客户。

总之，大数据可以帮助企业找到更好的经营切入点。企业一定不要忽视它的作用，因为在市场竞争激烈的今天，营销的精准性对企业来说更加重要了，因此企业要灵活运用它，以帮助自己发展。

本节小结

企业做营销，关键是能够找对切入点，知道从哪里下手，才能做到知己知彼百战不殆，最终达到预期的目的。但是切入点在哪里，如何寻找切入点，是企业需要思考的第一件事情，尤其是在大数据时代，这一点更为关键。

3.1.4　大数据时代的营销技术与方法

许多经济学家认为大数据可以帮助企业增值。事实也是如此，大数据不仅可以帮助企业进行资源的优化配置，还可以指导企业营销。尤其是在当下的移动互联网时代，人们的生活方式已经数据化了。很多人的投资理财、购物、旅游等活动都是通过电商来解决的，企业只要查阅这些数据就能推算出消费者的购物习惯。

人们的生活方式已经发生了很大的变化，企业的营销技巧和方法也必须随之改变。例如，大家所熟知的苏宁电器，它之所以和京东商城合作，就是因为在网络上营销可以带来巨大的收益。

由此来看，企业想要在今天有所发展，首先就要拥有大数据思维，这种思维方式必然会带来营销技术和方法的创新，如此一来，企业才能在市场中占有一席之地。下面我们就来看看企业可采用的营销技术和方法，如图 3-4 所示。

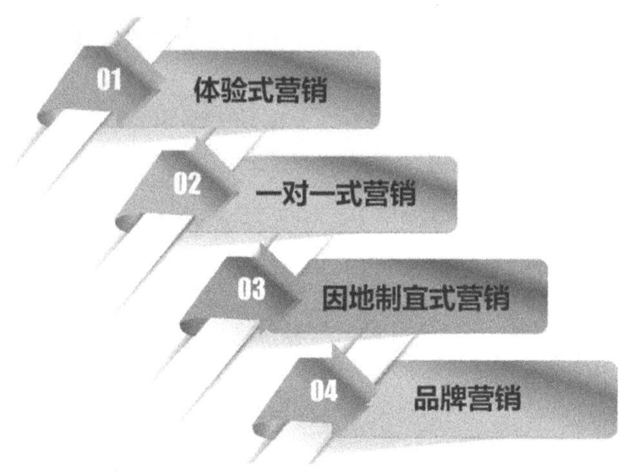

图 3-4　大数据时代的营销技术与方法

1. 体验式营销

所谓体验对于普通人来说往往是一种"奢侈"的行为。例如，同样的一瓶啤酒，在街边的小商店只卖 3 元，可是到了高档的大酒店可以卖到 20 元，之间的区别就是体验不同。所以那些优秀的企业不仅注重产品的质量，也重视服务的质量。它能给用户一种舒心的感觉，这个时候用户就会忽略一些价格上的因素。

可是究竟怎样才能给用户带来很好的体验呢？我们认为可以从情感、感官、行动、思考、关联等几个方面去打动用户，如图 3-5 所示。情感和感官自不必提，都是以"感"字为核心。所谓行动、关联、思考，就是要想办法和参与活动的消费者进行互动，从而加深消费者对产品的信任。

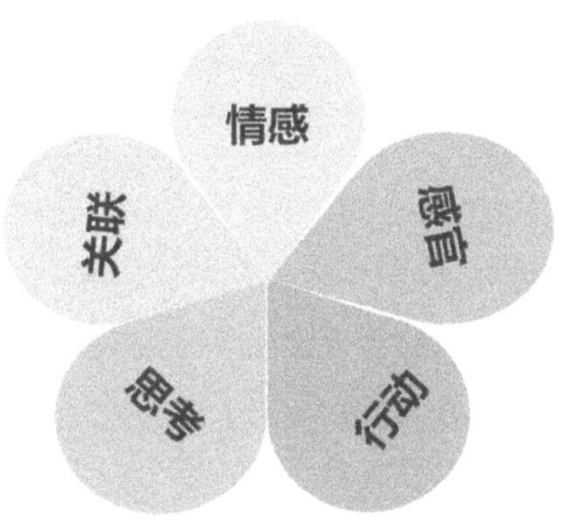

图 3-5　体验式营销的 5 种方法

（1）情感

其实每个人都是情感丰富的高等动物，企业想要与用户之间建立良好、愉悦的关系，就必须抓住用户的心。从情感方面入手，包括产品的设计、研发、运输、售后等，都站在用户的角度考虑，这样就能十分容易获得用户的注意力，诱发用户的情绪反应，使用户在有意识与无意识之间对产品和企业产生好感，从而提高消费行为的发生率。

举一个简单的例子，假如你去一家大型商场漫无目的地闲逛，当走进一家女鞋专卖店随便看看的时候，店里的销售员通常会非常热情地端来一杯热水，并说："今天外边天气特别冷，您喝杯热水暖暖吧。"这时候，你发自内心的一种感激之情油然而生，觉得企业真是体贴入微，就像自己的老朋友一般关心自己。接下来销售员会面带微笑地询问你平时喜欢穿什么种类的鞋子，等你说出来之后，便会为你引导和推荐你喜欢的类型专区，并为你试穿鞋子提供全程式服务。当你试穿完后，的确喜欢这款，再加上一进来的时候服务员体贴入微的关怀，你往往不自觉地冲着销售员的热情就买下了这双鞋。

在上述例子中，销售员的这种老朋友式的关怀，实际上就是一种典型的情感营销，同时顾客享受的也是一种完美的情感体验。作为顾客的你即便最初是打算闲逛的，最终也花钱买下了这双鞋。常用的情感体验方法包括友好提示、会员交流、会员优惠、会员推荐、专家答疑等。

（2）感官

提到感官体验式营销，应该很多人都有过同样的经历，不论是在线上电商店铺还是线下实体店中，都会对自己第一眼看中的东西最为满意，并最终十有八九会买下这件商品，这就是我们所讲的感官体验式营销所带来的作用。

通常，企业进行感官体验式营销，要做到以下 3 步，如图 3-6 所示。

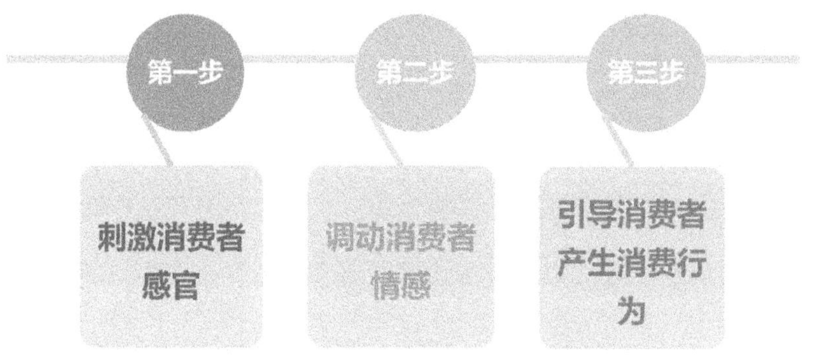

图 3-6　感官体验式营销的 3 个步骤

第一步，刺激消费者感官。感官包括听觉、嗅觉、视觉、味觉、触觉 5 个部分，能够从这 5 个部分作为切入点，使消费者的感官受到刺激，利用这五官来为消费者创造值得回忆的感受，你的体验式营销就成功了一大半。

第二步，调动消费者情感。感官刺激只是进行感官体验式营销的第一步，更重要的是通过利用感官刺激激发内心情绪，如高兴、兴奋等情绪，调动消费者的情感感受。

第三步，引导消费者产生消费行为。感官体验营销并不是对消费者进行强制性的消费，而是通过引导消费者思考，激发其采取购买行动，用自由、自愿、快乐的心情去购买产品。

（3）行动

这里所提到的行动，实际上就是指那些给消费者带来不同体验感受的互动。众所周知，营销不仅仅是向消费者售卖产品，更重要的还在于能够拉近与消费者之间的关系，互动就是一种能够拉近与消费者之间关系的桥梁。不但如此，企业通过与消费者之间的互动，还可以更好地丰富消费者的生活，从而激发消费者的购买热情。通常，企业进行行动体验式营销的时候，往往会借助明星效应，通过利用明星庞大的粉丝优势，将粉丝转化为消费者，达到增加销售额的目的。

举例而言，很多企业为了为自己的主打产品造势，往往会邀请当前人气最旺的明星前来助阵，对产品进行宣传或者代言，并且活动规则规定：凡是购买本产品的消费者都可以获得该明星的个性化签名。这样就通过明星产生了粉丝效应，将粉丝转化为消费者。企业正是抓住了粉丝获取明星签名的心理而开展互动活动将产品销售了出去。这种方式既让消费者自愿购买，又让企业获得了赢利。这就是一种行动体验式营销。

（4）思考

顾客买产品的目的就是希望通过产品的功能来解决其当前的需求问题。因此，企业在设计、销售产品的时候一定要站在顾客的角度为其思考和考虑。当然，这个思考并不是产品设计者凭借自己的想象力拍脑袋而实现的，而是通过对大众消费者的各种购物喜好、习惯、需求等方面的数据信息进行广泛搜集、分析而得来的，基于这个数据基础，产品设计者思考起来自然轻松、快捷，更重要的是具有很高的精准性。

苹果公司的产品之所以受到消费者的青睐，成为电子设备中的佼佼者，关键在于其产品创新都能站在消费者的角度思考。举例而言，在 1998 年的时候，苹果计算机公司的 iMac 在上市仅仅 6 周的时间里，就销售出了 27.8 万台，并且被评为了 1998 年最佳产品。其实，iMac 能够取得这样好的成绩，其中有一个原因就是其设计师在构思产品的时候，将"与众不同的思考"作为了产品的标语，思考如何能将产品做到更好，让消费者获得更极致的产品体验。也正是基于这一点，苹果公司在全球市场中才有了今天的成绩。

（5）关联

这里的关联其实包含以下两个方面，如图 3-7 所示。

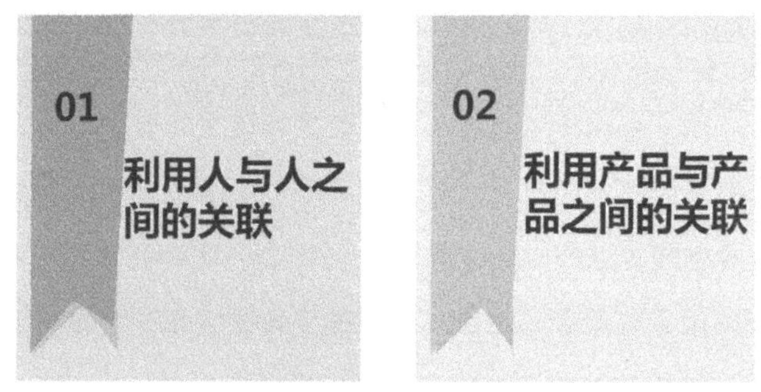

图 3-7　关联体验式营销

一方面是利用人与人之间的关联。每个人都是社会关系链中的一个成员，并且人与人之间又存在着放射状的关系网，这样就使得人与人之间呈现出一种关联性。有句话叫作"人以类聚，物以群分"，说的就是这个意思。相同爱好、兴趣、秉性的人才能聚集到一起，并形成一个类似于放射性的朋友网或朋友圈。在这个网或圈里，你喜欢的很可能就是别人也喜欢的，这就是一种关联。企业在营销过程中也应当充分利用这种关联性进行体验式营销，从而扩大产品的销售范围，提升产品的销售业绩。

另一方面是利用产品与产品之间的关联。产品与产品的关联案例中，最有名的应该就是沃尔玛的"尿不湿＋啤酒"。沃尔玛能够想到这一点，其实是十分明智地利用产品之间的关联性来对产品进行货架排放。实际上，挖掘产品与产品之间的关联性是需要企业对消费者的消费行为、偏好、习惯等方面的数据信息进行充分的深入分析才能实现的。

2. 一对一式营销

关于一对一式营销，有人认为就是在商店买衣服，销售员向他推荐款式。其实这只是一对一最初级的阶段，一对一的最终目的是把用户变成自己的铁杆粉丝。在这个过程中，企业不仅要挑选出目标客户，还要为其提供定制化的服务，这样才能实现一对一的终极目的。

有些企业把客户分为三类，分别是可争取的、潜在的、需要维护的。所谓可争取的，就是有购买产品意向的客户。潜在用户是那些对自己产品有所耳闻的，可以从中筛选出目标用户。需要维护的就是那些老客户。企业与几类客户的沟通方式是不一样的。例如，老客户对你的产品已经有所了解，所以你向他推荐产品的时候，只需介绍新产品。可争取的对象需要进行经常性的一对一的沟通，因为他对你的产品有倾向性，你就可以因势利导。至于潜在用户可以适时推送关于产品的消息，然后通过反馈情况去分析哪些人可以培养成目标客户。

在一对一营销中最成功的其实是戴尔公司。当时，戴尔公司为了快速打开市场局面，并且拓展自己的营销特色，就针对各个不同消费者的不同需求和爱好，专门设计并生产出了属于其个人的定制化计算机。戴尔的这一举动在当时引起了不小的轰动，这种一对一的营销是以往其他企业并没有尝试过的。其实，戴尔在制定一对一决策之前，并不是盲目地进行的，戴尔公司获得的消费者需求数据是经过其长时间与每个消费者进行全方位、一对一沟通而得到的，根据这些消费者所提供的详细的数据信息，包括显示屏的大小、处理器的核数、内存大小、风扇每秒的转数等，甚至是电源功率都十分精确，从而真正实现了产品的个性化。戴尔公司的这种具有鲜明特色的一对一的营销方式，使得公司的销售业绩飞速提升，成为世界上成功应用一对一营销的典范。

显然，戴尔公司的成功并不是靠经验或者想当然实现的，是的的确确在与消费者进行一对一的沟通方面下了一番功夫之后，才有了更加全面的产品数据信息，才有了最终的个性化产品的出现。

3. 因地制宜式营销

不同国家和地区的人对同一品牌产品的款式要求不尽相同，这就要求企业因地制宜。可是众口难调，企业不可能把一件产品生产出很多款式，这就要求其通过大数据总结出大家的共性和差异，然后做一些微观的调整。

韦德健身是国际知名品牌，在美国，其动感单车课的教学方式为：最前面的大电视上播放模拟赛段，会员基本采用坐式骑行。可是到了中国，它不得不按照中国人的喜好去更改教学模式，就是用音响取代电视，会员大多采用站姿骑行。

其实类似的营销方式大家能说出许多。例如，瑜伽在印度男女都练，可是到我国几乎成了专门的女子运动，所以企业就要雇佣一些女教练。又例如，我们在国内的肯德基店里，可以买到豆浆。肯德基为什么这样做？就是要做到产品符合当地用户的需求，如此才能提高销售额。

4. 品牌营销

广告大师奥格威曾说："品牌是名称、包装、价格、历史地位、广告方式等方面的总和，同时包含着消费者对它的印象和认可度。"

如今是信息时代，一个有口碑的产品很快就会被许多人知道，这会为企业带来巨大的利益。例如，海尔、耐克等企业之所以强大，品牌起到了很重要的作用。

树立品牌的前提就是要产品品质卓越，之后企业再通过大数据去检测它在消费者心目中的重要性，同时看该产品是否独特，最后才是举办一些宣传活动，提高产品的知名度。

　　除了以上几种营销方式外，企业还可以采取关系营销、网络销售、痛点营销、文化销售等方法，因为这些方法在非大数据时代就被运用了，故不再提。

　　总之，在大数据时代，我们不仅要了解大数据的理念，还要了解一些相关的营销技巧和方法，这样才能做到知行合一，从而促进企业的快速发展。

本节小结

　　无论是体验式营销、一对一式营销、因地制宜式营销还是品牌营销，都是大数据时代最重要的营销方式，企业如果能够合理、准确地运用这些营销方法，那么在赢利的道路上必将事半功倍。

3.2　大数据时代，如何让营销更精准

3.2.1　社交大数据：营销革命的幕后英雄

　　大数据的出现使得人类生产生活的方方面面都多多少少与大数据有了千丝万缕的关系，社交大数据的出现也在大数据的基础上以前所未有的速度在社交领域猛烈来袭，并成为营销革命的幕后英雄。

　　近年来，互联网技术正以非常迅猛的速度迈进，基于互联网的社交网民数量也在急剧上升，因此社交网络已经成为当下一种高效的社交方式。社交网络使网民的社交活动变得越来越简单化，信息搜索和网络浏览变得更加快速化，信息内容的积累更加多元化，也使得信息数据更加复杂化、巨量化，使得传统的社交方式发生了深刻的变革，更加丰富多彩。

　　如今，社交网络不断涌现，各种社交网络之间的竞争也越来越激烈，Facebook、QQ、微信、微博、校内网、人人网等纷纷加入争夺客户群的大战，新浪、搜狐、网易、腾讯等都伺机瓜分社交天下，如图 3-8 所示。社交大数据

便在此时的社交网络和大量的服务信息浪潮中应运而生。可以说，社交大数据的出现为营销革命带来了重要的理论价值和战略意义。

图 3-8　社交网络代表

Facebook 和 Twitter 作为美国知名的社交网站，分别成立于 2004 年 2 月 4 日和 2006 年 3 月，两家社交网站都受到了广大网民的欢迎与青睐。

目前，Facebook 拥有的全球用户数量已经超过了 22 亿，这些用户每天都会上传大量的图片、文字等数据。此外，Facebook 本身平台上也有很多数据，这使得它所拥有的数据量更加庞大。Facebook 利用这些数据打造了一个能够替代传统广告代理公司的高精准的广告系统，广告商只需上传数万张照片到数据库，如果有相关用户登录，系统就会自动进行筛选对所上传的照片感兴趣的用户，并且依据对用户的"关系图谱"数据进行精准分析之后自动生成广告，进行精准投放。

Twitter 如今也有千万用户，每年在超级碗上能够获得超级收视率。当下社交网络与电视节目之间的黏合力越来越高，用户在看电视节目的同时，越来越喜欢通过社交网络进行讨论，电视节目给社交网络带来了巨量的社交信息，同时，社交网络也为电视节目提供了各种话题和讨论热点，提升了电视节目的收视率，还通过数据分析为电视节目供应商提供了用户反馈信息，促进供应商不断改进和完善。一旦收视率提高了，那么广告商也自然会将电视节目看作最为有力的营销机会。

再看看国内的社交大数据的案例。

腾讯本来做的是社交，而阿里则专攻电商领域，二者并无明显交集。那腾讯怎么才能进入电商领域分一杯羹呢？腾讯的业务基础是 QQ，然后基于 QQ 的庞大用户群做了微信，可谓是自己革了自己的命。截止 2015 年 6 月，微信注册用户量已经接近 9 亿，有了 9 亿用户，就等于有了流量，有了入口，有了潜在的消费人群，这就什么都好办了。

另一方面，分羹也需要商业智慧。两大帝国争霸，任何一方想发动全面战争几乎都不可能，最好的结果也只会是敌伤一千，自损八百。在这样的前提下，细分市场是唯一的选择，在某具体领域发起攻势才更明智。腾讯将枪口瞄准了移动支付这块阵地。移动支付是移动互联网发展的必然趋势，当下再不进入，日后必然呈现阿里一家独大的垄断格局，再想撼动则难如登天。所以，从 2014 年开始，阿里已经连续两年推出"红包活动"。2015 年春节期间，微信联合各类企业推出春节"摇红包"活动，送出金额超过 5 亿元的现金红包，单个最大红包为 4999 元，另外还有超过 30 亿元的卡券。用户只要在微信上绑定银行卡，就可以在微信上参与摇红包、发红包、抢红包的活动，腾讯的这一招将微信支付营销做到了每一个微信用户的心里。在摇红包、抢红包和发红包的热烈氛围中，无数用户纷纷绑定银行卡，解决了微信支付获取用户的问题。有人甚至讲，腾讯仅仅用一个微信红包就完成了支付宝做了 9 年的事情。

无论从国内还是国外的案例中，我们都不难发现，社交软件借助其庞大的用户数量优势，每天产生数以万亿字节的社交数据，随之而来的无数与社交数据有关的商业想法也紧跟其后。那么，社交数据究竟是如何在商业中进行应用的呢？如图 3-9 所示。

图 3-9　社交大数据在商业中的应用

1. 企业利用社交大数据明确"我们是谁"

我们都知道，当前摄像头、传感器等跟踪设备无处不在，这些设备无时无刻不在向计算机传输相关信息和资料，因此就将线上的社交数据一步步扩展到线下，这些数据充斥在人们的生活、生产等活动当中。这样，企业也会从中获利，其获得的是更多人的互动内容。这些内容中不乏一些相当精准的广告以及人们详细的谈话内容等。

由于各个领域的企业都想使自己的团队具有高效率、高性能的特点，尤其在服务行业，社交数据的获取就变成了非常关键的一环。MIT 媒体实验室通过对呼叫中心的高绩效团队的研究发现，一支高绩效团队之所以拥有极高的效率，实际上与学历高低、技能优劣的关系不太大，更重要的是团队之间是否经常私下交谈和沟通。这里就可以利用社交数据来探究这样的高绩效团队是如何沟通的，从而对打造更多高绩效团队起到一定的借鉴作用。

沟通和交流其实是一种十分有效的提升团队效率的方法。要知道，在人与人的相互沟通过程中产生的社交数据能够反映出每个人的兴趣、专长、技能、爱好、习惯等特点，这些数据可以直接从个人资料或者聊天记录中获得，也可以从社交网络上人们相互探讨的内容中间切出的相关片段来获得。企业员工和经理可以在社交网络中搜寻到利用以往的方式根本发现不了的详细的、隐匿的信息。通过对这些信息的收集，企业管理人员可以很好地分析企业内部员工和高层的优点、擅长、能力、优势、缺点等，从而帮助企业员工和高层取长补短、相互学习，进而提升企业整体团队能力和决策水平。

2. 企业利用社交大数据知道"我们应该做什么"

很多企业往往都忽视了社交数据的重要作用，通常会认为这些数据对企业产品没有多大的直接作用，但是我们要学会透过现象看本质，实际上这些数据的价值并不是这些企业所能够想象得到的。要知道，这些数据可以帮助企业更好地研发和改进自己的产品。那么企业又如何获知具体产品的研发方向和改进方向呢？别忘了，社交大数据的其中一个重点就是能够发现用户的需求及其真实的想法。通过分析用户数据，企业可以洞察用户对产品需求方面的具体要求，从而根据其需求特点制定相关的营销决策并研发更加符合他们需求的产品，从而提升企业的营销利润。

在此我们举个例子。英国一家知名的移动通信公司 Giffgaff 通过社交网络和消费者进行深入的沟通，让消费者自己提出心目中完美手机的设计方案，并且研制合适的资费套餐。Giffgaff 公司的这一举动受到了很多人的支持，并且加入到手机研发过程当中。后来，经过消费者和 Giffgaff 公司共同打造的手机诞生了，受到广大消费者的青睐和好评，从而在市场上十分走俏。

可以说，社交大数据犹如一座宝贵的金矿。越来越多的广告商、生产商、经销商都迫切地想接入社交网络领域，因为巨量的用户数据所产生的潜在价值对于其品牌营销具有不可估量的作用。

当然，社交大数据在商业发展过程中发挥着重要价值的同时，也面临着一些问题。当前社交网络已经成为人们生活中重要的一部分，与此同时也对人们的生活等产生了一定的不良影响，如个人信息泄露就是一个非常严重的弊端。

在我国，新浪微博、腾讯 QQ 和微信等已经成为一种开放式的社交平台，对于用户数据信息的保护方面做得还是比较好的，并没有将用户数据信息用来进行商业性开发。因为对用户数据进行开发就会在很大程度上触及用户个人隐私问题以及舆论的敏感神经，所以基于这一点，我国的互联网企业在利用社交大数据进行商业化活动时还是以一种比较保守的方式运营着，这直接影响了社交大数据在企业运营中的效率和质量。

对于这一点，企业需要建立一整套包括搜索引擎技术、文本处理技术、自然语言技术、智能分析技术等在内的技术体系，从而对社交网络信息进行精准分析、挖掘、预测等，进而针对每个用户提供精准的营销服务，满足社交网络中用户的需求。

众趣是国内知名的一家社交网络数据管理平台，即便其作为国内的第三方数据分析企业，也在获得用户数据信息的时候显得力不从心，原因是一方面想充分利用这些数据，另一方面又不能给用户个人信息安全带来有力的保障，导致无法获取使用用户数据的许可。面对这些问题，众趣寻找到了一个可以两全其美的办法，那就是通过运用统计学等相关数据分析原理对用户数据进行过滤，最终完成对用户的行为、动作等个体特征的描述。这些描述可以帮助品牌营销者了解消费者的消费习惯以及需求，也可以帮助企业领导对自己的员工了解得更多。

我们有理由相信，在不久的将来，随着各种技术手段的不断提高，海量用户不但可以充分利用用户数据，还可以对隐私问题进行规避，届时社交大数据所蕴含的巨大营销价值将被彻底开发出来，使得社交大数据成为营销变革真正的幕后英雄。

本节小结

无疑，社交大数据犹如一座大金矿，庞大的用户数据所蕴藏的价值能量正日渐浮出水面。品牌营销商连接社交网络世界的迫切渴望也是社交数据领域的一大亮点，将社交大数据在企业运营中变现，是当前大数据时代下企业刻不容缓的事情。

3.2.2　大数据下的移动营销：传递个性化即时信息

如今已经进入了大数据时代，数字生活成为人们生活的主题，用户每天产生的巨大数据信息量为各领域的产业带来了巨大的价值。在大数据时代，智能化、移动化必将成为整个未来发展格局中的重头戏，在大数据前提下移动营销向外传递个性化即时信息，已然成为一种全新的营销模式。

所谓移动营销，顾名思义，就是利用移动端，对移动终端的目标受众进行定向的、精准的、即时的个性化信息传递，从而达到市场营销的目的。

2015 年可以说是移动营销搭载着大数据的顺风车走向融合的一年。在 2015 年年初，营销界就发生了不小的变化，众多行业进行跨界整合，动作频频。可以说，移动营销成为大数据时代的一个风向标。

2015 年 1 月，在东方卫视播出了开年大戏《何以笙箫默》，很多人都热捧该剧。原因是，不但观众可以在电视机旁边看到明星精彩的演出以及动人的剧情，更重要的是还可以拿出自己的手机，在天猫上买到明星身上的华丽服饰，从而实现"边看边买"。当时，优酷为了抢占先机，宣布与阿里巴巴合作，共同开发了一款名为"边看边买"的产品，在视频内容中直观地呈现出购物通道，用户可以一边看视频一边就把电视剧节目中的商品放到购物车里，等到整个电视剧播放结束之后，网站会提醒观众已经将某件商品放入购物车内。优酷和阿里巴巴推出的这款产品对于广大消费者和电视迷来讲是一件令人兴奋的好事，实现了很多追星族的梦想 —— 穿着与自己喜欢的明星同款的衣服。

这种"边看边买"的模式简称为 F2O(Focus to Online)，是时下非常时髦的商业模式。它依托于时下剧集热点，借助视频的影响力以及广大影迷、粉丝对某件服饰的热衷度数据，电商迅速推出剧中同款，有效地满足了因剧集大热而带来的瞬间激增的消费需求，在短时间内通过制造话题，成功打造出爆款。以优酷土豆为例，据统计，优酷土豆每月都有 5 亿用户访问，而这 5 亿用户每天观看的时间之和就超过了 1 万年。如果能够把商品信息与视频内容很好地融合，那么购买流量以及由此而产生的收入量是相当可观的。

的确，"边看边买"，给很多粉丝梦想的实现提供了很好的平台，也为企业提供了非常好的商业桥梁，是一种非常不错的、全新的创意模式。实际上，该模式是全网 ID 用户数据的融合给移动视频电商带来的新机遇。将平台上观众的数据与消费者行为、消费数据进行融合，这两类数据将会产生让人难以估量的价值。

在大数据时代，移动营销具有以下几个发展趋势，如图 3-10 所示。

图 3-10　大数据时代移动营销的 3 个发展趋势

1. 大数据使得移动营销更加趋于精准化

移动营销在大数据的基础上必将为用户提供更加精准的服务。基于大数据的移动营销实际上是对用户的需求感知，进而根据用户需求服务于用户、回报用户的过程。通常，移动营销企业借助于大数据，对用户的个人特征、消费习惯、消费行为等多方面进行分析，进而帮助广告商找到精准的受众目标，之后再将广告信息和媒体信息等与用户进行精准的匹配，最终实现精准营销。在大数据下，移动营销的精准性体现在：首先，产品实现了精准定制，通过对用户数据的分析可以深入了解用户的真正需求，进而根据其需求为其定制个性化产品；

其次，信息实现了精准推送，这样做可以从根本上改变以往使用传统推送消息方式导致用户反感的局面；最后，实现了精准服务推荐，对用户现有的浏览记录等行为数据进行深入分析，判断其可能需要的产品，进而针对不同的用户全面展开精准推广服务。

2. APP 移销将成为未来移动营销的主要形式

如今，智能设备的出现使得移动营销的形式不断翻新，APP 移销就是未来移动营销的最好方式。这主要是因为 APP 目前已然成为移动互联网流量产生的主要来源，APP 所产生的流量占到了所有流量的 70% 以上，APP 目前已经全面占领了 iOS 和 Android 系统，数量超过了百万，因此，毋庸置疑，APP 必将成为移动营销的主要形式。APP 使用数量非常庞大，借助于 APP，通过对用户数据进行分析，企业可以让用户在对的时间、对的地点、对的场景中找到更加适合自己的广告信息。

有关监测数据显示，目前移动 APP 广告所占的比率正在以逐年增加的方式占领着广告市场，2013 年其所占比例达到 22.4%，2014 年其所占的比例超过了 28.6%，预计在 2016 年，该数值将达到 30.8%。实际上，企业开发 APP 最主要的目的还是要想方设法增强用户的体验，为其提供各种优惠奖励，从而激发用户积极参与。当前，手机 APP 与大数据相结合的应用已经相当广泛了。

以 58 同城 APP 为例，正如其口号"一个神奇的网站"一样，58 同城是一家专注于提供社区服务的网站，可以通过联系企业，为用户提供生活中的各种服务。作为国内较早的一家大型社区服务类网站，58 同城最早的舞台是计算机互联网终端，通过 PC 端用户的登录来为其提供服务。现在 58 同城已经实现了全面大变身，在维护互联网终端的主要业务的同时，还将绝大部分业务放在了手机 APP 的开发和运营上。如果用户在手机上安装了"58 同城"APP，打开软件之后就会清楚地看到条目整齐合理的页面。该款 APP 根据 GPS 定位和网络地图定位，确定用户所在的地域、城市，下方就会出现"二手物品""房产""招聘""家政服务"等种类的服务。用户打开之后还会发现有更加细致的条目。根据地理位置、需求种类等内容，58同城利用APP一步步精细化定位客户需求，最终帮用户找到其最想要的东西。在主页的最下方，用户还可以享受到其他在线生活服务，如交话费、团购、外卖等业务。可以说，58同城APP是建立在"运营商—企业—用户"的经营模式基础上的，能够直接完成软件到用户的一体化操作流程。58同城认为营销务必便捷，所以在短短数月时间内，其下载量就突破了千万大关。

58同城APP之所以如此受用户的青睐，其原因主要在于它借助大数据来实现用户定位，并且借助大数据分析技术，快速找到能够为用户提供相应服务的社区、企业等，从而为用户提供很好的服务。因此，58同城只要能够借助大数据将企业与广告无缝对接，就可以赚取巨大的利润。

3. 战略联盟将成为移动营销平台的发展方向

在大数据时代，移动营销企业的核心竞争优势主要在于能够将大数据与创意相结合。移动营销平台发展的最终结果必然是建立战略联盟。通常，移动营销企业建立战略联盟采取以下两种途径。

第一种，在大型互联网企业之间建立联盟。

2015年1月，中国最大的视频服务平台爱奇艺与世界顶尖级计算创新企业英特尔共同联合创立了"爱奇艺－英特尔战略联盟"。该联盟建立之后，双方将通过定向联合研究，致力于解决视频存储、转码分发、云计算、大数据分析性能优化等各领域的技术难题。英特尔全面参与爱奇艺数据中心和CDN的下一代革命，为爱奇艺提供具有强处理器、高可靠性、高吞吐率的英特尔PCI-E固态硬盘，并且提供高灵敏度和可扩展的万兆网卡，还利用英特尔的虚拟化技术来为用户提供稳定、高效的数据存储、运算等各项高性能服务。该联盟的建立实际上充分发挥了爱奇艺和英特尔两者的技术优势，这对整个视频行业的发展起到了极大的推动作用。

第二种，在数字广告与移动媒体之间建立战略联盟。在大数据时代，广告将变得更加简洁、简易。这对于广告而言是一个充满了发展前景的时代，数字广告的出现加快了广告在大数据领域的营销布局。目前国内数字广告拥有无线广告产业链上丰富、优质的资源，企业借助数字广告精准的特点可以进行全方位的数据统计，从而为用户提供更加精准的个性化服务，从而获取高额利润。此外，移动媒体也借助互联网优势让媒体变得更具价值。

截至 2015 年年底，中国手机网民的数量已经超过了 6.8 亿人，这也为数字广告与移动媒体之间建立战略联盟打下了良好的流量基础。力美传媒是一家国内知名的移动广告信息数据平台，该企业借助大数据打造了大数据时代领先的移动数字营销生态圈，专为移动营销提供解决方案，如移动广告网络、移动 DSP、跨行业数据融合、线上线下数据打通、多维度数据利用等，使得数据的价值得到最大限度的发挥。像全球知名的零售巨头沃尔玛也是通过力美的 DSP 移动程序实现场景营销的。通过将用户日常行为与实时行为数据打通，将 ADExchange 含有的 LBS 数据、第三方合作的 Wi-Fi 数据、运营商的 LBS 数据相结合，力美传媒将线下场景咖啡厅、商场、居民区以及娱乐场等进行场景定向，从而构建出用户随时随地的线上行为、线下生活轨迹的全行为场景图，形成"精准目标受众＋场景化"的移动营销模式，这样做的最终结果就是使得实际点击量超过了原计划的 1.5 倍。

力美传媒与沃尔玛合作，为沃尔玛提供的数字化移动营销模式的确给其带来了巨大的点击量，随之而带来的销售利润也是可想而知的。因此，可以看出，数字广告与移动媒体之间建立了战略联盟之后，两者之间相辅相成，在大数据基础上实现了精准营销，给用户提供了更有价值的内容和服务。

总而言之，大数据下的移动营销较传统营销更具精准性，企业可以通过对不同用户的数据信息进行分析，有针对性地为每一位用户传递个性化即时信息，最终实现精准营销。

本节小结

不可否认，移动营销已经成为当前最为火热的营销方式之一，尤其是在大数据时代，移动营销已经成为传递个性化即时信息的有效方式，这将为企业实现精准营销提供良好的基础。

3.2.3　大数据下的微博营销：粉丝才是王道

大数据近几年都在以一种如火如荼的方式不断蓬勃发展着，它不仅对企业的发展有着巨大的推动作用，也改变了人们的生活方式，实现了生活方式的创新。可以说，掌握了数据资产就相当于掌握了广阔的营销前景。大数据下的微博营销更是带来了人们生活方式的创新，成为一种焕然一新的营销方式。

如今，各种社交网络不断涌现，微博作为"元老级"的社交网络平台不但没有被其他功能丰富、用户规模巨大的平台所代替，反而更加活跃。究其原因，就是因为微博活跃在数据的大环境中，是大数据给微博带来了重生的机会。

自 2013 年以来，新浪微博就认识到大数据的发展前景，于是在大数据方面全面展开建设项目，在没有大数据概念之前，新浪微博就有自己的一套运营方式，但是大数据出现以后，新浪微博顺应潮流地全面整合大数据，使大数据融入其运营过程中，如图 3-11 所示。

1. 通过对数据进行收集、计算、输出、反馈，最后形成完整的业务闭环

其实，我们只要善于分析和总结，就不难发现，微博大数据其实本身就是一个相当完整的闭环业务，从其最底部的原始数据开始，微博的每一条文本都是一种非结构化数据。通过利用自然语言处理技术，可以将每一个文本内容加

以提取，然后将提取出来的内容放在底层的网络上。

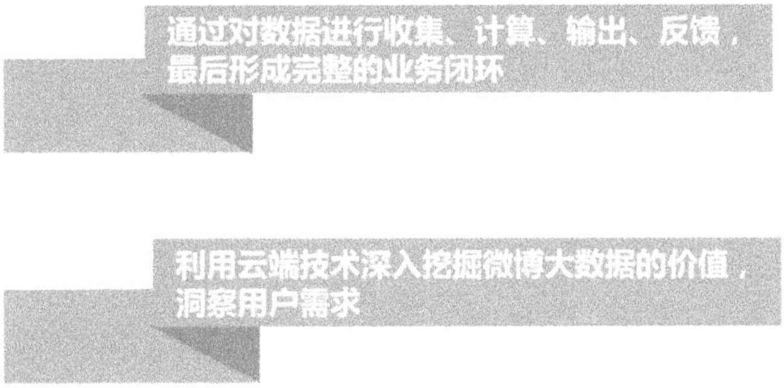

图 3-11　微博大数据的应用

　　举个简单的例子，一位顾客在一家酒店消费之后，就会对住宿环境、服务态度等做出相应的评价，通过对这些评价内容进行提取，将其放到该酒店的边框上，这样就实现了数据的提取。根据这些反馈信息，酒店可以发现自身的不足，进一步加强和改善有缺陷的环节，然后更好地服务于顾客。这样，数据从顾客出发，然后回归到顾客身上，服务于顾客，这就是一个完整的数据闭环。

　　当然宾馆只是微博大数据应用的场景之一。我们还可以同理将所获得的非结构化的内容进行结构化，再上一层达到算法层，这个算法层实际上就取决于场景，不同的场景会有不同的算法，当到达用户端的时候，用户端再回到底层的数据算法当中。这些数据在整个流动的过程中，并不是一些孤立的数据，而是非常灵活的、能够形成完整闭环的数据。

2. 利用云端技术深入挖掘微博大数据的价值，洞察用户需求

　　新浪微博数据的种类其实是相当繁多的，在新浪微博与其他外部企业合作的时候，也会产生大量的数据信息。新浪微博为这些数据信息提供了一个云环境，在这个云环境中，其他企业可以利用最基础的数据信息，也可以利用这些信息做一些用户标签，通过 APP 的形式来满足不同用户的产品诉求。而其他企业利用基础数据信息和利用这些信息做用户标签的过程，实际上就是利用云端

技术从庞大的微博数据中挖掘最有价值的数据的过程。

举个例子。微博电视指数是很多节目制作方所关注的焦点，因为这个指数直接反映的是社交媒体上观众的口碑以及观众的覆盖程度。将这些后台数据绘制成一条曲线，节目制作方就可以借助大数据可视化的效果来判断究竟哪个地区的用户对该节目的反响比较好、这样的节目是哪些用户喜欢看的、观众年龄在哪个范围内等。另外，节目制作方还可以根据曲线发现哪些是绝大多数微博用户所关注的内容，他们喜欢看什么，从而得知节目制作应该朝什么样的方向发展。节目制作方在通过微博用户数据曲线判断观众的喜好的同时，其实也就是在借助微博大数据挖掘有价值数据的过程，也是从中洞察用户需求的过程。

从这两方面来看，微博大数据在企业运营过程中起到了重要的辅助作用，因此，大数据下的微博营销也成为一种重要的营销方法。

据统计，2014 年，微博用户数量达到了 2.49 亿人。2015 年第二季度统计数据显示，微博月活跃用户数量达到了 2.12 亿人，同比增长了 36%，创下了连续 9 个季度同比增长保持 30% 以上的记录，移动端月活跃用户数量占总人数的 85%，增长幅度保持稳定。

事实上，在如今的互联网环境下，微博活跃用户以及用户的活跃度的不断增加推动了微博营销的商业化进程。

2014 年第四季度，微博总营收额达到了 1.05 亿美元，实现了 940 万美元的净利润。2015 年第二季度，微博总营收额达到了 1.078 亿美元，同比增长了 39%，连续 3 个季度都呈现出赢利状态。其中广告营收额达到了 8790 万美元，同比增长了 47%，移动端的广告收入占总收入的 62%，实现了连续 3 个季度赢利的目标，利润达到了 1090 万美元。

实际上，做微博营销主要是靠增加粉丝数量来实现的。那么如何才能在大数据时代通过吸粉来进行微博营销呢？

要想进行微博营销，首先就要做好定位。无论做网站还是做微博营销，最重要的就是要定好位。只有做好定位才能挖掘到有价值的用户；只有定好位才能为日后的微博营销提供更加便利的渠道。值得注意的是，做好定位的关键就是利用大数据对用户进行分析。如果有用户对你推广的产品感兴趣，该用户必然会"粉"你，这时你就可以将"粉"你的用户的职务、姓名、年龄、教育、经验等数据信息收集起来，并进行分析、分类处理，分别定位其购买产品的喜好、习惯、价位等，之后再根据详细的数据信息为其提供更加贴切、精准的服务。

在互联网时代，粉丝经济才是王道，有了粉丝也便有了客户，于是，微博营销成为当下营销的全新方式。微博营销已经成为粉丝经济的重要载体，吸引了很多人利用粉丝经济进行微博营销。

2015 年，微博已经和中国最具有覆盖能力的几大行业达成了战略合作意向。仅 2015 年上半年，众多行业已经走上了与微博合作的道路，其中包括 100 多档综艺电视节目、86 部电影、20 个主流手机品牌，这些合作伙伴分别在微博的平台上进行市场宣传、联合营销、产品融合等，很大程度上提高了营销效率。

在众多微博营销中，十分热门的"回忆专用小马甲"博主便是一个成功的案例。"回忆专用小马甲"博主是一个非常善用小动物来博取大家注意力的一个人，目前拥有超过两千万的粉丝，他经常写一些微博来引导广大的粉丝去消费。例如，他曾经写过一篇题为《好不容易听懂了你，你却离我而去》的微博，内容讲述的情节是这样的：他和女友在一起的时候曾经养了一只叫作 Billy 的边牧犬，Billy 给他和他的女友带来了愉快的每一天。后来他与女友分手了，Billy 看上去也天天无精打采，之后 Billy 就生病了，不吃不喝，他看到 Billy 无助地哀嚎着，但是不知道 Billy 想要表达什么，于是就去淘宝上买了一款"狗语机"。通过这款产品，他听到 Billy 在临闭上眼睛之前说了句"爸爸，我爱你"。的确，故事讲述得非常感人，很多他的粉丝看到了"爸爸，我爱你"那几个字之后便感动落泪，但是中间插入"狗语机"那段实际上就是在通过 Billy 的感人故事在给这款"狗语机"产品做宣传。后来，这款"狗语机"果然销量不错。

"回忆专用小马甲"的微博营销效果显著，这款"狗语机"果然大卖，由此可以看出粉丝是微博营销的关键。在大数据时代，做微博营销，粉丝是王道，

企业的关键就是利用好粉丝经济。只有利用好了粉丝这一环节，才可以在大数据的背景下游刃有余地进行微博营销。

本节小结

　　粉丝对于微博营销来讲，是一个能够使微博营销继续下去的原动力，如果没有粉丝，那么也就没有微博存在的意义，更没有微博营销继续存在的可能，所以想方设法扩充自己的粉丝团才是大数据时代实现微博营销的关键所在。

3.2.4　大数据下的微信营销：营销新时代的先锋

　　在腾讯的大力资金与技术的支持下，微信诞生了，且产品功能日益趋于多样化。微信从开始的移动端即时通信工具逐渐向集合即时通信发展，并拥有信息分享、移动支付、公众平台等功能。随着大数据的悄然而至，传统商业模式正在发生着全方位的变革，一场轰轰烈烈的微信营销便拉开了序幕，成为了营销新时代的先锋。

　　当前，伴随着微信的火热崛起，微信营销已经成为一种无处不在的网络营销方式。微信不存在地域限制，用户只要注册了微信，就可以利用微信进行微信营销，并且吸引庞大的朋友圈、粉丝等来加入，有很多人已经借助微信营销赚得盆满钵满。除了像京东、1号店之类的线上电商进行微信营销，就连众多线下实体店也都加入利用微信号进行微信营销的阵营，如大悦城、物美超市等，不胜枚举，营销效果还是相当不错的。

　　在大数据时代下，谁能率先挖掘到数据背后隐藏的用户价值，挖掘到用户的购买习惯、购买喜好、购买动机等一系列数据信息，谁就能占领营销市场的最高点，甚至可以掌控整个营销市场。传统营销更加注重的是对于用户注意力的覆盖，即便是受众目标接收到了广告信息，但也不可避免地出现广告信息与受众目标需求不相匹配的情况，进而造成广告资源的浪费。然而大数据出现以后，这些情况都得到了良好的改观，使得广告资源实现了精准投放，有效地减少了广告资源的浪费，更重要的是使用户的情感需求和产品品牌需求得到了最大限度的满足，这样就从根本上提升了企业的投资回报率。

大数据环境下的微信营销与传统营销模式相比，具有以下几个特点，如图 3-12 所示。

图 3-12　大数据环境下微信营销的特点

1. 强化了微信平台的连带关系和多功能性

微信作为一种即时通信工具，具有短信、视频、语音、图片、通讯录、附近的人、微信红包、摇一摇等诸多功能，并且可以通过 QQ 好友进行微信好友添加，从而强调了用户之间的连带关系，增强了用户之间的黏连性。与此同时，微信利用公众号邀请明星、名人等加入，从而提高了微信的开放性，增加了用户的活跃性和参与性，也是一种增强用户连带关系的一种方式。

由于微信涉及人们生活层面的范围比较广，因此微信的数据量是庞大的，微信也从中挖掘出了数据信息中所包含的巨大潜在价值。利用摇一摇、附近的人、扫一扫、公众号添加、微信红包、微信支付、邮箱绑定、腾讯同步新闻等一系列功能，微信被打造成了一个完整的自媒体链条，用户无需另寻渠道，就可以在微信上直接进行社交、购物、娱乐等一系列活动，从而增加了微信与人们生活的接触频率，更加有效地提升了微信的数据价值。

2. 改变了消费者的生活方式

微信营销的数据来源于微信用户，在大数据不断发展的趋势下，我们只有对消费者所产生的零碎的数据资源进行收集、分析、整理，并进行重新整合，才能真正体现微信营销中数据的价值。

当下，随着人们认知能力的不断提升，消费习惯和消费态度已经有了很大变化，人们对于自身需求的东西必将乐意花时间、精力去寻找；对于年轻人而言，则更加趋向于将自己的生活状态、内心情绪等分享给他人；人们越来越习惯于向他人展示自己独特的一面，想让更多的人看到自己与众不同的一面。在这种情况下，人们对生活的需求较之前变得更加多元化、差异化、分散化，这也决定了人们的购买需求和购买行为的变化。如此一来，企业更加需要对消费者的生活方式、消费习惯、心理变化等数据进行挖掘、分析、整合，从而快速实现精准营销。

3. 媒介环境发生了根本性的改变

如今，4G 网络已经进入了我们的生活，移动智能设备、平板电脑、网络电视等多种智能终端都已普及，这加快了用户数据向各个平台传播的速度。在这种情况下，广告主和营销人员就要更加精准地对受众目标进行广告推广与投放，而其前提就是对广大用户群进行数据采集，从而在大数据背景下进行有的放矢的微信营销活动，充分发挥大数据的营销价值。

在大数据下进行微信营销，需要企业对消费者行为和心理建立数据模型，在对其各方面数据收集之后，通过细致的分析、整理，最终提炼出有价值的数据信息。可以说，在对这些数据信息进行深度剖析之后，企业便可以快速、有效地进行微信营销，从而创造出巨额利润。

本节小结

微信当下已经成为大多数人的主要的社交工具。可以说，微信凭借庞大的用户群和最接近消费者的数据采集，在大数据时代背景下所发挥的巨大营销作用是我们不容忽视的。

3.2.5 大数据下的整合营销：满足消费者的点滴需求

几年前有本畅销书叫《赢在细节》，那些成功的事物都有很完美的细节。例如，著名书法家欧阳询的书法以结构精巧而著称，动了分毫则影响美感。著名雕塑《大卫》，拆分的五官也都是美术生必须临摹的地方，原因就是艺术家注重了每一个细节。

在大数据时代，许多经济学家认为企业应该有匠人精神，也就是力求把产品质量和服务质量做到极致，以满足顾客那些细小的要求。有人认为工匠精神已经离我们远去，但是在当前这个时代仍然需要工匠精神继续流传。因为工匠精神的核心就是企业自上而下、由里到外地对产品和服务做到精益求精、精雕细琢。当你做一件事情的时候，你要跟它建立起一种难以割舍的情节，不要拒绝它、放弃它，而要把它看成一个有生命、有灵气的生命体，只有这样才能使它逐步达到完美。企业也一样，企业赢利固然重要，但是持之以恒的赢利才是企业长存的关键，工匠精神应当贯穿于整个企业的发展始末。就目前的市场环境来看，那些畅销的产品几乎都做到了这一点，如苹果手机、美的家电等。

　　这些企业为什么要这样做？原因就在于市场的竞争环境越来越激烈了，许多产品都出现了供大于求的现象，这个时候顾客在选购产品方面的自由度加大了。如果你的产品不能满足他的需求，他完全可以选择别的商品。所以这个时候企业必须直视顾客的挑剔，谁能解决顾客的问题，谁就能获得生存和发展的机会。

　　可是有些企业有一个误区，就是认为质量好的东西必然能满足用户的需求，但事实证明并非如此。例如，尼康公司花巨资打造顶级的单反照相机，可是却因价格昂贵，携带不便而销路不畅。然而作为自拍界的鼻祖，卡西欧经历了数代产品的革新之后，为了满足人们更好的自拍体验，对产品进行进一步完善，利用了 3D 人脸分析技术，使得用户在美化人脸时更加精细和自然，让用户得到了很好的自拍体验。也正因如此，卡西欧的这款产品在数码市场中十分畅销。所以说，企业在产品研发、市场营销、售后服务等方面都要以用户的需求为中心。

　　产品很好，但价格昂贵会造成曲高和寡的局面，最后的办法只能是降价，可是在这个迭代快速的年代，降价也不一定能解决问题，因为你的产品很容易过时，很少有人会因为低价去买款式老旧的东西。产品质量要是跟不上，后果更是不堪设想，因为在这个用户注重购物体验的年代，想要卖出质量不过关的产品可谓难上加难。

　　现在大数据来了，企业通过它完全能预测用户的需求，而用户的需求是企业营销时最重要的参照。企业只要围绕它展开正确的经营模式，必将有所收获。

　　大家都发过短信，认为信息的费用不过是微不足道的小钱，可是运营商却可以通过它获得几十亿元的收入。后来随着 Wi-Fi 和 3G 的出现，人们利用手机 QQ 进行沟通的时候越来越多了。就在这个时候，腾讯公司伺机而动，推出了功能强大的微信。微信的发展速度自不必提。

　　它为什么能受到广大用户的喜爱呢？首先它可以像短信一样与人沟通，并且是免费的；其次它不断增加新功能，以满足用户多方面的需求，如游戏、电子商务等，人们拥有它，生活会变得更加便捷。

微信为腾讯公司带来了巨大的收益，据统计，腾讯公司的市值已经突破了1000 亿美元，可谓商业史上的奇迹。

人们常说，积少成多，在移动互联网没有到来之前，大家用短信交流，一条短信大约 1 角钱，大家可能觉得不算多，但是超过 50 条，喜欢吸烟的人士就会想，一包烟钱没有了。可事实证明，许多事情都不是一句两句能说清楚的，所以人们期待免费的沟通软件出现，微信的出现恰逢其时。又例如，360 研发的随身 Wi-Fi 能帮助人们更快捷地使用网络，所以销量早已突破 1000 万。

综上所述，企业要想办法通过大数据来找出用户的细微需求，然后结合自己的实力去研发可以满足他们需求的产品，这样才能用最低的成本获取巨大的价值。

本节小结

企业营销的目的就是为了充分认识和了解消费者，更好地为消费者提供能够满足其需求的产品和服务。在大数据时代，利用整合营销能使企业的营销效果达到最大化，对各类渠道进行科学而又有预见性的整合和使用，这对于平台和渠道的大数据融合和互通来讲是很重要的。

3.2.6 大数据下的多渠道营销：顾客体验主宰一切

如今提到"体验"这个词，大家都不会陌生，因为在许多地方都有苹果、小米的体验店。可是什么才叫真正的体验？却很少有人能说得出来。有人说就是从用户需要的角度出发。可事实证明只做到这一点是绝对不够的。例如，你口渴了，从商店买了一瓶矿泉水。企业算是满足了你的需要，但是却无法使你成为它的忠实粉丝，因为它为你解决的问题，许多人都能够解决，所以称不上不可替代，这就要求企业给用户制造意想不到的体验。

许多人读过《麦琪的礼物》，故事中的丈夫卖掉了祖传的金表，只为了给妻子买一套发梳做为圣诞礼物，可是妻子却卖掉了一头如瀑的长发，给丈夫买了一条金表链。这样的付出才能算做真正的体验。企业要是想做到这一点，就一定要注重用户的心理需求，然后通过一些细节让用户感受到自己的用心，这样才能给用户制造惊喜。

可是就像上一章节提到的，用户在购物方面的自由度越来越大，所以想要给他们制造惊喜也变得越来越难。许多企业挖空心思给用户制造良好的体验，力争在行业中脱颖而出，可是却没有取得很好的效果，究其原因，主要在于采用的方式方法不对。

举一个简单的例子。小甲在一家电商网站买了一个蓝牙车载播放器，没过几天就收到了该网站分别从短信和邮件渠道发来的该款产品的折扣优惠，且价格都低于之前小甲的购买价格。值得肯定的是，这家电商网站进行了相关性的推荐，但是问题在于，先不讨论小甲会不会二次购买，仅仅从不同渠道的不同价格来讲，小甲的购物体验给他带来了不愉快的情绪，因为小甲所买到的产品价格并不是最低的。

虽然该店通过多渠道分别提供了具有竞争性的报价，在一定程度上可以促进渠道的转化率，但是也可能给消费者带来困惑或者渠道间的冲突，最后导致消费者对品牌的不信任，更不愿意继续到该店进行二次消费。小甲的购物经历就是一个典型的例子。

随着网络的不断发展以及大数据的不断普及，许多公司的透明度随之加大了，所以市场上同质的产品越来越多，如果企业只是从产品功能方面提高用户体验，很显然会事倍功半，这个时候就要从其他方面着力。例如，企业销售、售后服务环节做得好，也能给用户带来不一样的消费体验，从而树立起自己的口碑。

关于什么样的体验才能算做得好，这没有客观标准。因为体验是一种主观感受，就像人们所说的，彼之砒霜，我之蜜糖。客户对企业的体验受到自身学识、喜好、生理反应等方面的制约，所以企业要利用大数据去分析用户各方面的喜好，这样才能带给用户最好的体验。

一位经营连锁超市的企业对用户做了一项调查，针对那些进入超市和满足了用户的细微需求的商品。

就目前市场上的产品来看，还没有哪一款能够让所有用户都满意。这就是企业所要关注的，尤其是小企业更要注意商场购物的用户最不喜欢的事情就是店主叫卖商品，其次就是物品摆放得不够整齐。

有了这样的调查结果，企业马上对用户的详细数据进行了分析，得出的结论就是来超市购物的企业要比去农贸市场购物的用户收入高。他们之所以来超市购物，是为了享受这里整洁清净的购物环境。

企业经过调查和分析后，把超市打造得整洁、干净，还会放一些舒缓的音乐，为用户提供一种轻松、惬意的购物体验。

这个时候，企业所出售的并非是产品本身的价值，而是融入了由体验良好所带来的增值。超市所具备的功能不再是一个交易的场所，而是一个休闲购物的所在。这样的体验必然会激发用户的购买欲望和复购率。所以企业一定要用好大数据，通过多渠道来帮助用户打造更好的购物体验。

说到营销渠道，我们这里来介绍一下常用的营销渠道，一般分为以下几种，如图 3-13 所示。

1. 垂直渠道

传统的营销渠道系统中，各个要素之间彼此是相互独立的，并且都是为了实现自身利益最大化而进行的营销活动，即便是可能因此而损害集体利益也在所不惜。垂直渠道系统则大不相同。虽然垂直渠道是在传统渠道上建立和发展起来的，但是各个渠道要素之间是一种相互合作、互惠互利的关系，它们利用自己的优势再加上联合其他力量，共同进行营销活动，从而有效地节省了成本，提高了企业营销的效益。

图 3-13　常见营销渠道

这种垂直渠道营销方式实际上使得各个渠道成员之间的关系从之前四分五裂、各顾各的局面，转向了更加紧密的合作关系，这是商业文明的进步，也是当前竞争激烈的市场经济发展的要求。所谓众志成城，垂直渠道营销也能实现这个目标。

2. 水平渠道

水平渠道实际上也是以联手合作的形式来提升销售业绩，但是与垂直渠道有一定的区别。水平渠道强调的是同一层次上的两家或两家以上的渠道成员之间联手，共同开拓新商机，将资本、生产力或者营销资源进行密切的融合，最终达到赢利的目的。

3. 多元渠道

多元渠道是生产商将产品通过两个或两个以上的分销渠道系统与同一细分市场接触，这样就形成了多元渠道系统。多元渠道成员之间面对的是同一市场，这样就会引起成员之间利益的冲突，这也是多元渠道的一大弊端。

4. 网络营销渠道

网络营销渠道是网络时代的产物，在网络的基础上实现了购物的便捷，这对于企业进行网络营销以及更加深入了解市场信息来讲，是其他渠道所无法比拟的。网络营销渠道所包含的营销方式有很多种，包括口碑营销、网络广告营销、媒体营销、事件营销、病毒式营销、论坛营销、电子邮件营销、SNS 营销、视频营销、新闻营销等，如图 3-14 所示。

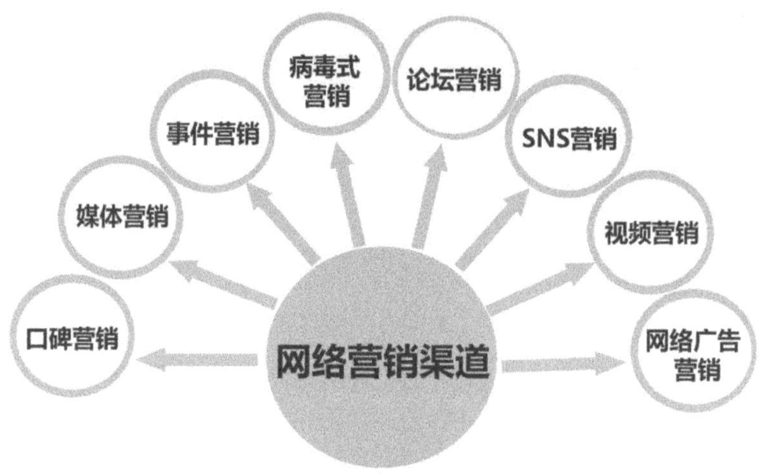

图 3-14　网络营销渠道

实际上，无论采用什么渠道进行营销，即无论是收到电子邮件后去线上电商网站购买，还是去线下实体店购买，并不是消费者关心的重点，消费者所关心的是否能够获得更加便利和优质的购物体验。对于这一点，营销人员就应当注意，你可以尽力在不同的消费者身上尝试各种不同的渠道营销，但是能够给消费者提供具有意义和价值的体验才是题中之义。

在大数据时代，真正能够实现多渠道营销的企业，需要具备以下几个能力：对动态数据的集存、分析、处理的能力；从数据中挖掘潜在价值，利用这些有价值的数据来创造产品，并且用这些产品的数据信息与消费者需求信息进行对比，查看结果是否匹配，进而对产品进行完善和改进的能力；精心策划及协调不同渠道之间的客户互动的时间点的能力。在大数据时代，营销人员利用多渠道进行营销，在总揽全局的时候还应当将目光放在独立渠道上，对单独的渠道给予特别的关注，从而随时随地地为客户与品牌互动提供更多相关性、及时性、持续性的产品和服务体验。

以苏宁易购为例。苏宁易购是苏宁旗下的新一代 B2C 网上购物平台，如今已经覆盖传统家电、3C 电器、日用百货等多种品类。2011 年，苏宁易购对营销模式进行了全方位的改革，强化虚拟网络与实体店的同步发展，其网络市场份额有了明显的提升。苏宁易购之所以成功改革了自己的营销模式，关键一点还在于利用了多渠道的营销方式，通过多渠道的配合，使得其营业额有了很大程度的提高。

首先是多渠道品牌推广。在推广方面，苏宁易购不但采用传统的推广方式，像电视广告推广、海报推广、播放器广告推广、广播推广等，还利用当前最为火热的微信推广等方式，进而让更多的人了解、认识到苏宁易购的品牌。

其次在支付方面也采用了多渠道配合的方式。消费者在网上购买苏宁易购的电器以后，可以有很多种方式来结算，其付款方式有电子货币、网上划款等。

最后，在物流配送方面也是多渠道的。苏宁易购目前 80% 的产品是依靠自行配送的，并且实现了跨区域配送。苏宁电器目前在杭州、北京、江苏各地都设有物流基地，未来还会陆续在全国各地投资租赁或购买更多的物流基地，这样，苏宁就形成了一个庞大的物流系统。

苏宁的多渠道营销模式不仅限于以上 3 个营销环节，在订货系统等其他环节中也实现了多渠道配合。苏宁这样做不但给自己增加了营销渠道，便于整体灵活运营，更重要的是通过多渠道的方式为广大的消费者提供了极大的便利和快捷的服务，这对于消费者而言也是一种高效且便捷的体验。

可以说，苏宁在多渠道营销方面是一个典范，借助于大数据，苏宁挖掘了不同消费者的需求，即便是在物流运输和支付方式等环节，都能够从消费者的最佳体验感受出发，利用多渠道做到尽善尽美，让消费者对苏宁的口碑和形象有了很大的提升。这样为消费者的体验感着想的企业，想不赢利都不行。

本节小结

多渠道营销已经被当下众多企业视为极为重要的营销方式，尤其是在大数据时代，这种营销方式更加需要被提倡和鼓励。

3.2.7　大数据下的社会化网络营销：以网络人际关系为核心

一些经济学家把企业和用户之间的关系分为强关系、中关系、弱关系三种，所谓强关系是指亲朋好友；中关系是指那些对你产品有一定了解的用户；弱关系是对你产品比较陌生的人。

大量的数据表明，在这几类客户中，最愿意购买企业产品的就是中关系的客户。原因很简单，强关系的用户买企业产品时不好意思还价，所以他们大多另找企业。中关系的用户因为对你的产品有所了解，所以会第一时间选用你的产品。至于陌生人，他们面对的选择那么多，很容易就把你忽视了。

面对这种情况，企业就要利用大数据去分析用户和自己的关系，然后建立起一个有针对性的人际关系网，这样营销的时候才会有的放矢，省时省力。

有人认为，有针对性地确立人际关系必然会缩小客户的范围。其实事实并非如此，许多人都听说过指数爆炸。例如，你找到了几十个目标用户，每个用户都有几十个好友，他们只要把你的消息进行分享，这个时候你信息的曝光度就是几十乘以几十的播传范围。也就是说，企业利用大数据去建立人际关系，必须要看到用户的外延。

有时候外延的人际关系很可能比用户本人都重要。例如，一位学生申请信用卡，银行一定会调查他父母的收入情况，因为这直接关系该学生的还款能力。当建立这种以个人为中心的关系网时，企业将得到很多的目标客户。

这种利用大数据建立人际关系的办法，可以使企业在没有一定数据的情况下取胜。所以以往那种靠商业机密获胜的经营模式，在今天也应该做一些有必要的调整了。下面我们来看看他人是如何通过联系来判断一个人的。

有一部电影叫《点球成金》，讲述的是一个棒球队成长的故事。里面有一段球探用数据分析的对话。

"小伙子身材不错，头脑也很灵活，有发展的潜力。"一位球探说。

另一位年龄很大的球员说小伙子力量很好。

有一位球探却跳出话题，说那名球员女朋友长得很丑，进而得出结论：那个棒球队员没有自信。

如果你是企业，一定会这样看这种关联。小伙子身材很好，他很有可能是位时尚达人，要是我有合适的服装一定向他推荐。可是从他女朋友的长相来看，两人似乎并不是很匹配，在这样的情况下，他的女朋友一定很在乎他的男朋友。所以，企业可以向这个女孩推送一些关于男士服饰的信息，她很有可能成为企业的目标客户。

当然，这只是一种凭借经验和感觉对客户进行判断的方式。大数据时代下，无论经验、感觉，还是直觉，都不能成为真正的判断依据。只有运用大数据才能实现精准的判断和预测，所以大数据的出现给商业社会带来了更具前景的发展机遇。对于任何企业来讲，数据都是商业发展的基础，越来越多商业决策的制定都更加依赖于数据。

当前，数据已经将社会化营销的整个过程全部覆盖，越来越多的社会化媒体管理平台诞生。在大数据时代，社会化网络营销能够帮助企业塑造品牌形象、扩大品牌影响力、防范口碑危机、提高顾客忠诚度，从而使企业转型为适应社会化商业环境的社会化企业，如图 3-15 所示。

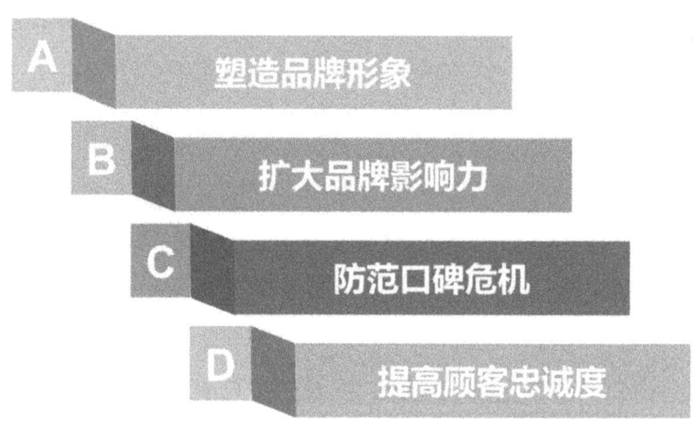

图 3-15　大数据时代，社会化网络营销的应用

1. 塑造品牌形象

大数据与社会化网络营销相结合，给企业带来了更大的商机。企业利用网络推广与各种营销手段，使线上线下相结合，线上加强网络营销推广与营销的力度，线下加强品牌营销与导购的力度实现强强互补，往往能够打造独特的品牌形象。然而，无论是线上网络营销的推广还是线下进行导购，其关键都在于能够通过社会化网络大量收集消费者的需求，这样才能做到有的放矢的营销。

2. 扩大品牌影响力

独立、个性的品牌是众多消费者的心头好，而社会化网络的基本功能就是利用用户之间的相互关联性实现某一目的，达到某一效果。社会化网络正好为品牌的传播提供了很好的传播途径，通过社交媒体成员之间的口口相传或者相互转发，企业就可以非常轻松地对产品进行免费的推广，使品牌的影响力以非常快的速度进行扩张，达到人人皆知的目的，这正是企业应用了大数据的关联性特征的体现。

3. 防范口碑危机

好的口碑能为企业树立好的形象，防范口碑危机对于企业营销来讲十分重要。消费者对产品和服务的需求是时刻处于变化状态的。因此，企业需要及时与客户进行沟通，社会化网络为企业提供了一个很好的挖掘消费者变化需求的平台，提前跟踪并洞察到可能带来品牌危机的原因、因素等。如果发现可能造成品牌危机的源头，就要及时发出警报，有效地保护企业和品牌的声誉，从关键点入手，有效、快速处理品牌危机。

4. 提高顾客忠诚度

如何增加消费者的忠诚度是众多企业一直寻找的答案。企业可以利用社会化网络进行各种互动活动，从互动活动中，可以更加近距离地接近消费者，更好地了解其发自内心的真实想法，从而明白为其提供什么样的产品才能满足其消费需求、提供什么样的后续服务才能让消费者的体验满意度达到最大化。只有通过对用户需求数据进行收集，才能更好地帮助企业做出精准的营销决策，从而一步步提升客户的忠诚度。

社会化网络结合大数据为企业的发展提供了有力的保障。社会化网络正是借助网络实现了人与人之间的沟通，并且形成人际关系圈。所谓"物以类聚，人以群分"，通过对同一个人际圈中的某个或几个人的消费特点、爱好、习惯等进行分析，利用大数据的关联性来对整个人际圈中成员的消费特点、爱好、习惯等进行判断，实现了客户细分，可以为消费者提供更加精准的产品推荐，实现精细化营销。

现在许多企业都致力于发掘潜在客户，这个时候以固定客户为基础开发他的人际圈是非常具有可行性的。例如，一位销售"军刀服饰"的企业发现，有位年轻小伙子总是大批量买军刀牌的 T 恤，最后得知他是军用产品收藏者，是他的微信朋友圈兄弟们收藏军用产品的代理。这样的数据对企业来说就十分重要，因为军用品收藏爱好者中喜欢军刀服饰的人一定很多，企业完全可以把这位年轻人发展成自己的代销商，因为他在那个圈子里一定有很广的人际关系。

这就是大数据时代社会化网络营销的妙用，它可以借助网络，通过一个人找到一类人或许多跟他有关联的人，然后再由这些人结成的网络逐层扩散，最终指导企业进行精细化营销。这种扩散最大的好处是，不仅能保证粉丝的数量，还能保证粉丝的质量。

本节小结

在大数据时代，社会化网络营销对企业挖掘精准目标用户并进行精细化营销具有重要的指导意义。

3.3　大数据时代，如何进行品牌营销

3.3.1　品牌营销人员如何应用大数据

如今，大数据已然成为人类生产生活中非常流行的一个词语，受到越来

多人的重视。营销人员对于大数据的渴望是非常迫切的，大数据为营销人员带来了新的发展机遇，进而驱动营销人员创造出更多具有创意性的营销方式。对于品牌营销人员来讲，更应该学会利用大数据进行营销。

通常，品牌营销人员最为关注的问题就是利用大数据可以做什么，如何利用大数据实现自己的目标。然而，人们常常会认为拥有了大数据就可以更好地实现品牌营销了，然而仅仅拥有大数据是远远不够的，关键还在于真正了解大数据，并利用大数据为自己的品牌营销服务，同时持续探索如何让大数据帮助自己将品牌营销做得更好。

其实，很多时候，人们往往对大数据产生了理解性的错误，认为只要拥有海量的信息图表、字节、字符，就可以游刃有余地进行营销。诚然，大数据本身的确具有巨量的特点，但这并不意味着拥有的数据量越多就越有益于品牌营销，而是需要对所拥有的海量数据进行分析、整理、归类或整合，只有这样才能真正地、最大限度地发挥大数据的巨大价值。因此，对大数据进行分析是获得有价值数据的重要环节，是品牌营销人员极为需要关注的问题。倘若没有真正掌握大数据分析方法和要领，就会导致很多时候对重要数据造成一种资源浪费。与此同时，在这种情况下，分析数据的时候出现偏差也是不可避免的，偏差性越大则获取的数据回报会越低。

近期，IBM 做了一份关于大数据分析在营销领域的应用调查，发现有 40% 的数据分析并没有达到数据分析的标准，37% 的数据分析情况稍有改善，但是仍然十分有限。这就意味着 3/4 的品牌营销人员没有真正掌握数据分析的方法和要领，因此就不能够真正地体现出大数据的价值所在，也不能更好地、更加充分地利用大数据进行品牌营销。

那么，品牌营销人员应该怎样更加合理地利用大数据并为品牌营销带来更好的营销效果呢？如图 3-16 所示。

首先，在没有数据或者仅仅获得很少数据的时候，品牌营销人员要学会尽

可能地挖掘可以利用的一切数据，积少成多，进而为品牌营销创造价值。

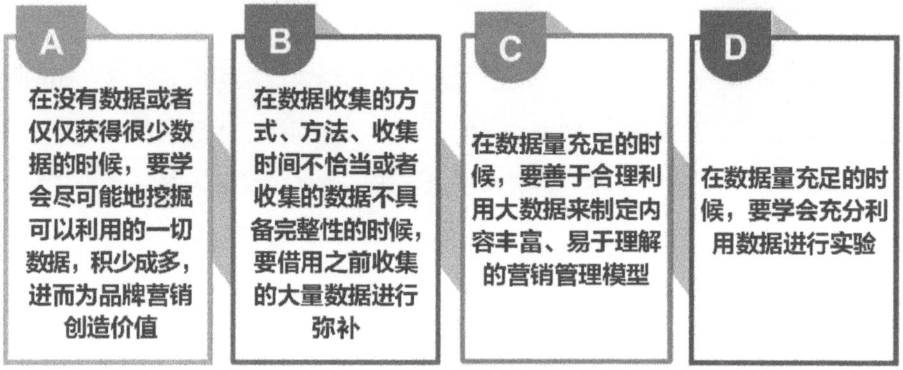

图 3-16　品牌营销人员如何用大数据进行营销

其次，在数据收集的方式、方法、收集时间不恰当，或者收集的数据不具备完整性的时候，要借用之前收集的大量数据进行弥补。

再次，在数据量充足的时候，要善于合理利用大数据来制定内容丰富、易于理解的营销管理模型。

如今，个性化已经成为一种时尚和趋势。利用大数据可以建立对客户一对一的个性化定制服务模型，让消费者充分体验个性化定制服务所带来的满足感和愉悦感。这就需要品牌营销人员充分发挥自己的能力，合理利用大数据来制定完美的个性化营销方案。品牌营销人员对客户需求了解得越多，就越可以将客户的个性化服务方案做得更好，甚至能够做到极致。

最后，在数据量充足的时候，要学会充分利用数据进行实验。

以非常火爆的电视娱乐节目《爸爸去哪儿》为例，从该节目中，我们不难发现，在节目播放过程中会有其他品牌植入，其中伊利的传播广度是最高的。

但这并不代表着伊利的冠名就会大幅提升营销收益。要知道节目的赞助价值是需要借助更加完善的科学体系来评判的。浩腾媒体作为专业的营销传播和媒体投资解决方案的领先机构，创建了一个节目线价值综合评估系统框架，分别从节目的影响力和人群的契合度入手，通过对节目背后的大数据进行分析，对娱乐节目的价值进行客观、科学的评估。经过对类似《爸爸去哪儿》的娱乐节目的节目影响力和人群的契合度的数据进行分析，浩腾媒体发现同样火爆的《中国好声音》《我是歌手》《快乐大本营》等的排名都落后于《爸爸去哪儿》。另外，通过对人群的契合度数据进行分析，在众多娱乐节目之中，浩腾媒体发现伊利与《爸爸去哪儿》的年龄契合度指标值较大，这说明两者的匹配度非常高，也就是说，《爸爸去哪儿》是伊利进行广告植入的最佳娱乐节目。

的确，伊利从第三方数据方案解决公司浩腾媒体寻求的评判方法帮助伊利解决了盲目植入的问题，通过对各个娱乐节目目标受众的分布情况进行分析，取长补短，从而更加精准地触及到了受众，最终创造了销售奇迹。

实际上，品牌营销人员在利用大数据进行营销的时候，对大数据的使用要有选择性，切勿盲目收集、随意利用。只有真正明白大数据不是因为量大才具有价值，而是因为对其进行了充分的分析之后，去其糟粕取其精华，才体现了它的巨大价值，品牌营销人员才能在更大程度上提升品牌营销的效果，才能将营销做得更好。

本节小结

伊利的广告植入案例并不是品牌营销中利用大数据分析的独例，当前有很多企业在品牌营销过程中都会对可用的大数据进行深入分析，也有不少企业从中获益。

3.3.2 从"品牌宣传"转向"品牌对话"

以往企业产品宣传的模式大多是找明星代言，用户在明星们的倡导之下去购买商品，不对企业做太多的反馈，故用户对企业品牌的影响力不大。现在是全民自媒体的时代，每个人都好比一个电台，企业必须关注用户的反馈信息，并且经常和他们进行交流，否则一旦产品受到了他们的恶评，后果将不堪设想。

我们就拿"粉丝"来说吧，该词最早流行于娱乐圈，是"追星族"的称谓。粉丝能给明星带来显著的品牌效应，我们来看《中国好歌曲》的一个例子。2013 年，一位大龄男歌手参加了该节目。他说自己本是一名词作家，曾给一些明星写过歌词。评委周华健就问他都写过什么歌，他说王菲的《红豆》就是他的作品。大家可以想象当时现场的观众是多么激动，因为他们不敢相信如此好的音乐作品，居然来自一个名不见经传的小人物，于是他们把这则消息迅速向自己的好友传播，那些看过节目的人也通过百度来搜索关于这位歌手的资料。很快这位歌手就拥有了很多的粉丝。

从这个例子中，我们不难发现，品牌在过去都是通过宣传的方式让更多人知道的，而现在对品牌大肆宣传一番之后，广大消费者并不一定会买账，往往一个感人的故事或者品牌背后隐藏的深入人心的故事却能够深深地打动大众消费者的心，或者引起广大消费者的深度关注，这就是从"品牌宣传"到"品牌对话"的转变。

好的品牌就要有好的产品，好的产品也能给企业带来大量的粉丝。例如，徽墨、端砚中难免有瑕疵，但是因为有很多忠实的粉丝，所以瑕疵也会被接受。如今互联网发展迅速，国内外的粉丝都可以对企业的产品进行评价，从而对其品牌建设产生巨大的影响。

有人用戏剧理论来说明企业和用户之间的关系，企业就好比演员，用户就相当于观众。如果观众都不给一位演员鼓掌，那他是不可能声名远扬的。企业也一样，如果自己的产品和营销方式得不到用户的认可，想要建立自己的品牌几乎是不可能的。

事实证明，一个企业想要建立自己的品牌，只进行宣传是远远不够的，还要与用户互动。如果用户对企业没有感情，它可以在同质商品中随意挑选一款，而不是只买一家的商品。为此，企业必须和用户进行对话，这样才能建立属于自己的品牌。

小米科技的核心成员黎万强曾说："企业和用户互动的目的就是要让用户喜欢上你。他们之所以喜欢你，不外乎以下几个因素：产品受欢迎，服务充满爱，沟通很真诚。切记这种真诚不是所谓的热情，而是要让用户真正地觉得你可以亲近。"

黎万强在小米科技的创业初期每天在小米论坛上活跃一个多小时，现在每天也会花费十几分钟上论坛和用户互动。在这种互动中，黎万强不仅仅和用户维系了感情，还从用户对产品的反馈中找到了产品研发的新方向。

小米与其他手机品牌的最大区别在于，前者是用户在玩手机，后者是用户在用手机。其他手机品牌的用户都在遵循其公司理念，而小米的用户却是和小米一起创造与发展。如今的年轻人，绝大多数已经不像以前那样崇拜或者追逐自己喜欢的事物，因为他们变得越来越有自主性，有能够改变世界和创造世界的雄心。针对这一点，小米将用户的参与感定义为营销的灵魂。小米认为，只有通过用户的参与，大家一起玩起来，才能在企业和用户之间建立良好、融洽的关系链，使用户成为自己真正的朋友，激发用户提供更加具有创新性的建议，从而帮助小米研发出更加新奇的产品，使小米在市场竞争中快人一步、抢占先机。

当雷军通过互联网在微博上宣布：小米的新玩具要发布的时候，很多人都主动参与进来一起来 YY（幻想），有 YY 成水瓶的，有 YY 成手电筒的，还有将小米路由器 PS 为小米豆浆机的。众多用户的参与，各抒己见，YY 的产品可谓是五花八门。当时就连雷军本人都还没想好如何才能做出这款豆浆机，是否需要操作系统。用户的热情参与，使得小米有更加意想不到的产品萌生。于是，基于对这些产品的好奇与新奇感，用户们主动将其传播出去，不知不觉间，在产品还不知道究竟是什么样子的时候，这个品牌的口碑就已经在广大发烧友中广泛传播。

黎万强把企业和用户的这种互动叫"温度感"，并说："企业如果缺少这种温度感，做出的产品肯定会死掉。"为此，黎万强将自己在这方面的心得还写成了一本书——《参与感》，目前这本书在市场上热卖。所以，企业要想建立自己的品牌，就要用"品牌互动"来代替"品牌宣传"，这样才能找到更好的商机。

本节小结

在这个年代，"品牌宣传"已经成为过时的营销方式，而企业通过与顾客进行互动和"品牌对话"已经成为当前有效的营销方式，这样不但可以拉近企业与顾客之间的距离，还可以节省品牌宣传的成本投资，是一个非常不错的选择。

3.3.3　通过大数据监测竞争对手品牌

有出戏叫《空城计》，有人认为诸葛亮有胆有识，也有人说司马懿深知"狡兔死，走狗烹"的道理，所以故意放走诸葛亮。

如果这个谜放在今天，只要通过大数据，就能得到相对精准的推测。司马懿可以通过大数据来猜测对手可以调动的兵力，进而推断出他要采用的战术。也就是说，诸葛亮虽然是知名军师，但是大数据会帮助司马懿猜测出此时的他究竟有多大的实力。

下面我们再来看看《秋风五丈原》这出戏，这次司马懿可谓把大数据运用到了极致。他问侦察兵诸葛亮的近况如何，侦察兵说，诸葛亮日理万机，睡眠很少，身体虚弱，饮食很少。司马懿闻讯，高挂免战牌，任诸葛亮怎么激将也不出战，因为司马懿知道诸葛亮离大去之日不远矣。后来诸葛亮果然死于疾病。

当今的商业环境十分复杂，企业如果不利用好大数据，就很有可能会一败涂地。就拿 2002 年的世界杯来说吧，卫冕冠军法国队在小组赛中对战塞内加尔，这可是塞内加尔第一次参加世界杯，几乎没有一个球迷认为塞内加尔会赢。结果塞内加尔 1:0 击败了法国队。赛后，球评员通过大数据分析塞内加尔获胜的原因。原来塞内加尔队中有 9 名球员在法甲踢球，可以说对法国的技战术了如指掌，这是取胜的关键。此外，法国队的核心人物齐达内没上场，导致了法国队的进攻脱节，这也是塞内加尔获胜的重要原因。

同理，企业如果经营前没通过大数据去监测竞争对手，很可能会因为对手的名气做出错误的判断，这样就会把到手的胜利拱手让人。下面让我们来看看最近的一次世界杯，看看球评员是怎么分析昔日王者西班牙失败的原因的。

2014 年世界杯出现了两大奇迹：德国队 7:1 打败东道主巴西，以及荷兰队 5:1 重创卫冕冠军西班牙。

许多球迷都感叹西班牙的主力选手老了。可是衡量一个队伍是否老化，还要看他的对手。当时荷兰队的中场大将斯内德和前锋范佩西都年过 30 岁，所以西班牙足球队不能在荷兰面前称老。在智利足球队面前它就更没有资格称老了。据统计，西班牙首发阵容的平均年龄为 27.909 岁，而智利首发阵容的平均年龄为 27.09 岁。

可是西班牙在跑动距离上明显少于荷兰和智利。第一轮对战荷兰，全队只跑了 10.2004 万米，荷兰队的数据却是 10.9387 万米。再战智利，西班牙队跑了 10.6735 万米，而智利队的数据却是 11.4460 万米。有人说西班牙队跑动少是跟传球多有关，可事实并非如此，它遭遇了对手的积极防御和快速反击，可是却没有找到破解的办法。

西班牙队主教练把失败的原因归结为球员疲惫、运气太差。这样的分析倒是有一定的道理。西班牙的核心球员踢了很多场俱乐部的比赛，的确疲惫。此外，智利的首发名单中有 10 名 30 岁以下的运动员，同时教练员还根据西班牙队的技术特点，安排了行之有效的技战术。在那场比赛中，西班牙 16 次射门，6 脚在球门范围内，但是一球未进。

由此可见，利用大数据分析对手的情况能给自己带来巨大的优势。

以上章节说过品牌的组成部分，如质量、历史地位等，这些东西都不是一成不变的。例如，有些商品质量没变却提升了价格，在用户心中就是质量有所下滑。北京烤鸭人人皆知，可是现在到北京旅游的人不一定会买，这就说明历史地位带来的优势可能已经大不如从前。这些企业的不足之处，通过大数据都会有所反应。如果企业有心，是完全可以监测出竞争对手的品牌实力的。

本节小结

"知己知彼，百战不殆"，这句话是非常有道理的，在企业营销过程中也是非常受用的。竞争对手一方面是不断鞭策自己前进的动力，另一方面又是阻碍自己前进的绊脚石。通过大数据分析自身缺失以及竞争对手的优势，有助于企业取长补短，提升自己的竞争力。对竞争对手的数据进行挖掘，是企业发展过程中不容忽视的重要环节。

3.3.4　通过大数据监测和管理企业品牌危机

营销其实是一门十分不简单的学问，自人类交易活动开始，营销便一直存在着，随着时代的变化，营销的形式也不断更新。进入大数据时代，大数据又赋予了营销全新的容貌，并不断向前进化。

马云对于大数据的初选曾经感慨道："在很多人还没有搞清楚什么是 PC 互联网的时候，移动互联网来了；在我们还没搞清楚移动互联网的时候，大数据时代又来了。"如果说 2013 年是大数据元年，那么 2014 年就是大数据的发展年，2015 年则是大数据的爆发年。然而，在 2015 年大数据爆发年里，大数据对企业品牌危机的作用更是十分巨大的，企业有必要利用大数据对企业品牌危机进行监测和管理。

所谓品牌危机实际上是指企业在发展过程中，由于自身的失误、失职或内部管理不当而出现企业品牌被市场吞噬，甚至短时内消失得无影无踪，从而导致消费者对企业品牌的信任度逐渐下降，最终出现品牌产品销量急剧减少、品牌口碑一落千丈的情况。

以麦当劳为例。众所周知，在 1954 年，麦当劳作为一家大型连锁快餐集团诞生于美国的伊利诺伊州欧克布鲁克。现在，麦当劳旗下拥有 32000 家快餐厅，在我国一二线城市，麦当劳快餐厅随处可见。然而在 2013 年，中央电视台在 "3·15" 报道了一则关于北京三里屯麦当劳餐厅出现的鸡翅超过保温期后不予去除、甜品派以旧充新以及食材掉地上不加处理继续备用等情况的新闻。之后麦当劳在其新浪官方微博做出了回应："央视 "3·15" 晚会所报道的北京三里屯麦当劳快餐厅违规操作的情况，麦当劳中国对此非常重视。我们将就这一个别事件立即进行调查，坚决严肃处理，以实际行动向消费者表示歉意。我们将由此事深化管理，确保营运标准切实执行，为消费者提供安全、卫生的美食。欢迎和感谢政府相关部门、媒体及消费者对我们的监督。"然而，民众对于麦当劳的道歉表示不满，认为其道歉只是一种形式上的敷衍，并且认为麦当劳的违规操作涉嫌欺骗消费者。之后，麦当劳三里屯店进行歇业，并大幅调理整顿，对于相关的负责人员进行责任追究，同时对其在全国 1400 多家门店重申了餐厅操作标准，要求对各个门店进行彻查。经过全面整顿后，麦当劳三里屯店又开始重新营业，并恢复了往日的繁华。

从麦当劳的身上，我们不难看到，品牌危机对企业的发展带来的负面影响是非常严重的，如果不注重内部管理，品牌形象就会大打折扣，甚至会导致关门歇业的危机。由此可见，企业必须寻找切实可行的方法来杜绝品牌危机的出现。

在技术不断进步、经济不断发展的背景下，市场竞争日益激烈，市场可谓瞬息万变，品牌产品担负着一家企业的兴衰，因为普通消费者认准的品牌产品必须是名副其实的。因此维护品牌声誉对于一个企业来说十分重要。

通常情况下，出现品牌危机的原因可能有以下几种，如图 3-17 所示。

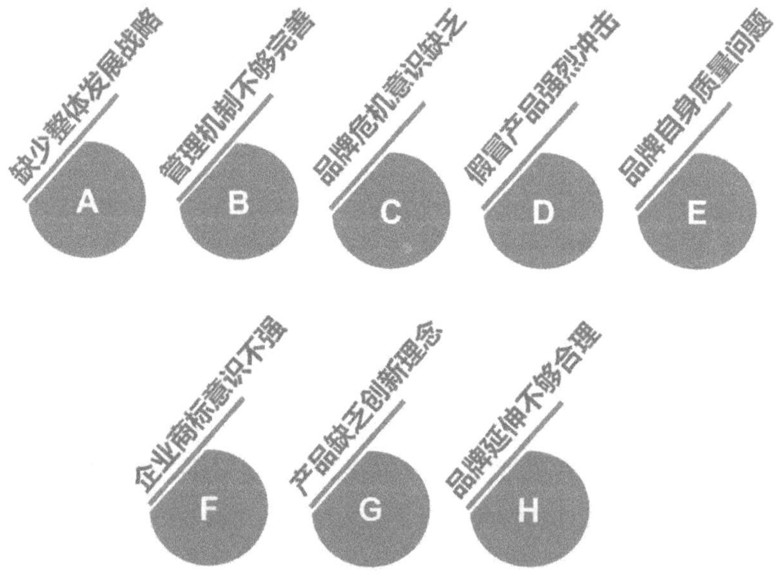

图 3-17　导致品牌危机的原因

★　**缺少整体发展战略**。发展战略可以说是一个企业发展的核心因素，决定了企业的发展方向和发展前途。

★　**管理机制不够完善**。一个完整的企业必须具备完善的管理机制，管理机制是企业朝更健康方向发展的保护伞。

★　**品牌危机意识缺乏**。在品牌营销过程中，企业一定要充分具备良好的品牌危机意识，以便灵活应对。

★　**假冒产品强烈冲击**。在市场竞争激烈的情况下，不少企业为了快速获取巨额利润，就会投机取巧地利用假冒产品来代替品牌产品进行销售，严重影响了企业品牌的发展。

★　**品牌自身质量问题**。企业以次充好，自身质量问题重重，没有切实可行的质量提升方案进行改进，很难使自身立足，更不用说长足发展了。

★　**企业商标意识不强**。商标实际上是商品的记号或代号，代表着品牌的形象。

★　**产品缺乏创新理念**。如今市场风云变幻，产品种类层出不穷，因此要想在市场上拔得头筹，就必须研发出自主创新的产品来博得消费者的眼球，获得广大消费者的赞誉。

★　**品牌延伸不够合理**。品牌延伸实际上是对品牌产品的补充，让品牌更加高大化，更能满足消费者的需求。

针对这些问题，大数据挺身而出，为品牌危机提供了化解之道。大数据可以提前洞察到让企业谈之色变的品牌危机，在危机爆发的过程中，企业急需做的就是对企业品牌危机的传播趋势进行全程监测和跟踪，将监测和跟踪所获得的大量数据进行全面分析，快速识别危机原因，并发出警报，按照人群的社会属性以及类似事件发生的过程，高效识别重要的参与人员和传播路径以及导致品牌危机的具体原因，之后再对重要数据信息进行深入的处理，以便高效、迅速地制定具体的应对措施。这样既可以保护企业摆脱品牌危机，又可以挽救品牌声誉，有效地抓住源头和重要节点，从而快速地帮助企业处理品牌危机。

近几年来，当前中国的入境游客呈负增长趋势，这说明我国的旅游业遇到了强烈的竞争对手，如新加坡、泰国、印度等国家的旅游业都呈大幅增长的趋势。因此，我国的旅游业面临很大的挑战。导致这种局面出现的因素实际上有很多，如经济危机、环境问题等。通常，面对这样的挑战，国家采取相应的对策来改善当前负增长的品牌危机，如提倡互联网营销、重视分省品牌、支持国家品牌等。在我国，相对成功地实现了品牌危机逆袭的要数"好客山东"。"好客山东"是一家国内较有影响力的品牌之一，面对当前国内旅游业的品牌危机，"好客山东"采用当前最先进的大数据分析技术，在全球最为常用的搜索引擎、视频网站等来进行营销，建立了全网信息系统，实现了品牌和营销的互通。这样，游客在哪里，"好客山东"的品牌也就会在哪里，并且在网站中会有相关的"美丽中国"的标志，并且还有山东 17 个经典的视频宣传内容等来支持"好客山东"的品牌，从而形成了"美丽中国—好客山东—山东地市"的品牌链条，很好地解决了我国旅游业的品牌危机。

"好客山东"基于大数据分析，获得了当前大众最喜欢的旅游景点名称，最终实现了精准营销，从而解决了品牌危机的问题。由此可见，在大数据的帮助下，为企业提供监测和管理技术，企业可以快速摆脱品牌危机，使危机降到最低，只有这样企业才能不断在原来的基础上开发新产品、开拓新市场、开辟新道路，为自身保留良好的荣誉和形象，如此才能使企业发展蒸蒸日上，进而获得更加广阔的发展空间。

本节小结

品牌危机给企业的生存和发展带来的困窘是每个企业不想遇到的，避免品牌危机的出现是企业在瞬息万变的产品竞技场上必须做到的事情，品牌危机是否能处理好甚至决定了一个企业的兴衰成败。因此，在市场经济中，每个企业都应当更加注重品牌效应，千方百计地利用大数据分析技术以及其预测能力来管理和预防品牌危机。

3.3.5　百度大数据教你如何做好品牌营销

如今提到百度，应该说每一个网民几乎都用过，如果从用户的覆盖面上来看，微信也难以与它抗衡。百度在我国是当之无愧的互联网名牌公司，在世界上也享有很高的声誉，英国《金融时报》将其列为"中国十大世界级品牌"，这是我国唯一一家互联网公司所获得的殊荣。除此之外，它还有"全球最具创新力企业""亚洲最受尊敬企业""中国互联网力量之星"等称号。

在中国大数据技术大会上，百度的大数据架构师林仕鼎从软件定义、应用驱动等方面分析了百度在形成数据库方面的优势。大家都知道，百度最主要的应用就是搜索引擎，而不是为用户提供一些沟通交流方面的服务。在当下它要处理的数据规模远远大于从前。此外，它还要根据时代的变化不断创新。林仕鼎认为，这种创新要从软件和硬件两方面下手，如此方能帮企业做好品牌营销。

就百度的技术团队而言，他们有数千名负责技术研发的工程师，完全有能力把百度打造成为世界上技术最先进的搜索引擎。值得注意的是，百度公司的经营理念是一切要以用户的需求为出发点，也就是说，要按照国人的使用习惯来打造软件。下面就让我们来看看百度具体是怎么做的。

据统计，百度在中国的搜索比重已经超过了80%，可是它依旧在不断地丰富着自己的功能，尤其是在营销方面还推出了基于搜索功能的特色服务，以此吸引了许多企业的关注和应用。到目前为止，利用百度推广来经营的企业已经有数十万家。它们在创建自己品牌的过程中，也提升了百度的知名度。最后企业和百度形成了相辅相成的关系，二者不断扩大和完善这个平台。

此外，百度还利用自身的优势吸引各类网站与自己合作，力争建立覆盖面最广的网络联盟，为各类企业推销产品、打造品牌提供最便捷的通道。

百度除了备受企业的青睐外，也受到了广大民众的欢迎，因为它是一个有社会责任心的企业。百度为了解决盲人、老人、少儿搜索信息的困难，为他们打造了专用的产品。此外，它还成立了百度基金会，积极投身于灾难救助、环境保护、知识教育等领域，受到了人们的一致好评。

下面让我们来看一张"汽车行业品牌搜索份额排行"的百度指数图表。

从图 3-18 这张百度指数图表中，我们可以获知当前消费者对于什么品牌的汽车最为关注，可以了解到各个汽车品牌在消费者心中的地位，同时也可以帮助汽车企业明确哪些产品是其竞争品等。

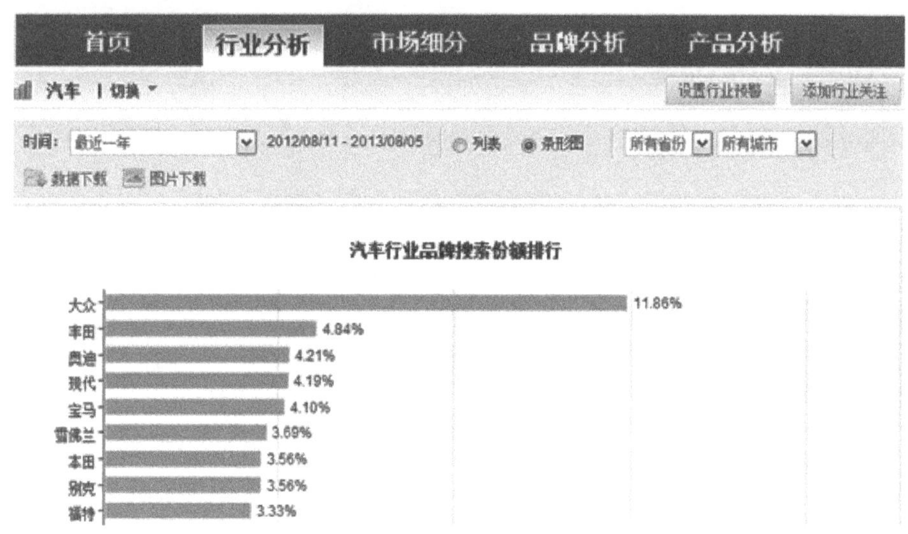

图 3-18　百度指数

百度之所以能做到家喻户晓，首先就在于它的经营理念，它的所有产品都是按照用户的需求来打造的。例如，它在营销方面的成功跟阿里巴巴很相似，企业最需要的就是这样一个平台，它提供了这样的平台，并力争把这个平台打造得更好。其次，它在公益方面的所做所为体现了巨大的人文关怀，例如，给盲人、少儿、老人打造专属的产品，这已经上升到了推进国民素质进步的高度。最后，它虽然有着很强的自身实力，可是依旧没有忘记联合其他的企业，最终形成了很好的产业链。

许多经济学家说，当下企业之间的竞争实际上就是产业链之间的竞争。换个说法就是，任何优秀的个人都需要良好的团队。百度有很好的合作者，还有众多忠实的粉丝，所以它成为世界知名的品牌是必然的事情。

其他企业可以复制百度的营销经验：如果实力不足就先把一个区域做好，然后再慢慢推广，终有一天会打造出属于自己的品牌。品牌创立后不可沾沾自喜、裹足不前，而是要不断进取，这样才能保证不遭遇品牌危机。

本节小结

百度大数据可以被看作一个全面开放的新兴能源库，企业借助百度大数据可以更好地做好品牌营销，从而先人一步地创造商机。

第四章

大数据营销之探——数据的可视化与客户体验至上

大数据已成为当下热议的话题，利用大数据进行营销的企业越来越多，伴随着大数据的不断激增，可视化方法逐渐成型。数据的可视化是一种强大的机制，可以用来呈现数据并运用先进的技术所创造的独特方法来实现。传统的饼图时代已经成为了过去式，互动性和独特性的数据可视化技术正成为最为前沿的技术之一。与此同时，在现今的大数据时代，客户和潜在客户希望按照自己的方式享有与众不同的产品和服务，因此这是一个为客户提供至上体验的新服务时代，利用大数据创造绝佳的客户体验已经成为企业主宰市场的关键。

4.1　数据可视化的价值

4.1.1　商业价值：数据价值体现的本质回归

以上章节已经从很多角度说明了数据的商业价值，但有些零散，在这里做一下汇总，以便大家一目了然，如图 4-1 所示。

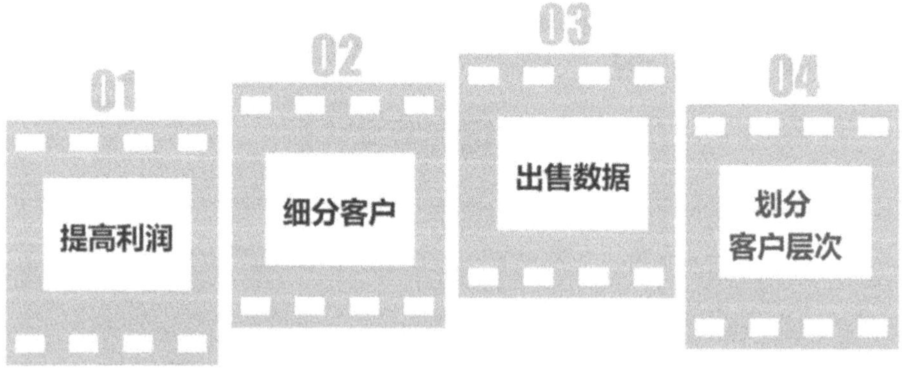

图 4-1　数据的商业价值

1. 提高利润

在军事中讲究精确制导，需要很严谨的数据做指导，商业也是一样，必须有很精确的数据，才能减少在整个产业链条中的投入，并获得很高的利润。例如，唯品会创造了零库存的商业奇迹，就是因为它的采购团队可以利用数据精准分析市场的行情，以保证产品的销路畅通。当下企业想要建立属于自己的数据库要比以前简单很多，中小型企业应该充分利用这个机会寻找商机。

2. 细分客户

前文提到过体验经济，也就是要让别人感受到你的产品，可是很难有一种产品能打动所有人的心，其实也没必要。有经济学家说，100 万的高质量粉丝足够成全一个企业。企业利用大数据可以找到真正属于自己的用户群，这样就能做到有针对性地营销，从而减少在财力和人力上的投入。

随着互联网的高速发展，纸质传媒行业受到的冲击越来越大，许多图书出版公司都在积极找经营的方向，以求破局。

蓝雨图书有限公司经营的图书种类包括经商励志、文史社科、少儿图书，其管理者通过大数据发现，其中销量最好的就是少儿图书。分析出现这种情况的原因：首先，时代的节奏在加快，就只有老人和儿童有相对宽裕的时间来看书；其次，图书和电子刊物比有不伤眼睛的巨大好处，所以家长愿意给孩子买图书。

现在蓝雨图书公司主要经营少儿图书，并在图书中加入名师导读、智慧点拨、名词名句等板块，以提高儿童的阅读兴趣，从而有了很好的销量。

在当下这个竞争激烈的时代，企业采用全面登陆的作战模式必然是不行的，因为各个领域都有很多劲敌，不如找好一个突破口，全力以赴去抢占某一领域。大数据的作用正是帮助企业快速找到这个突破口，这样才能高效地运营。

3. 出售数据

如今有许多出售数据的公司，它们之所以会出现，正是因为数据就是重要的商业信息，企业可以通过分析数据找到里面蕴藏的巨大商机。例如，大家可以通过亚马逊了解某些产品的销售情况。

4. 划分客户层次

商业界一直强调客户转化率，这就要求企业对客户划分层次。这就好比交友，大家都会按照老朋友、一般朋友、业务关系等几个层次去划分社交圈一样，如果对每一位好友都投入一样的热情，就好比在冰面上开凿冰洞捕鱼，很可能连最薄的冰层都打破不了。

为了避免上述情况的出现，经济学家提出了"中关系成交论"，就是说，除了亲朋好友外，对你产品已经有所了解的人是企业最应该争取的用户群。原因很简单，亲朋好友已经是你的忠实粉丝了，你只要维系关系就行，可是中关系的客户还在观望你，你得想办法让他们关注你，这样才能提升客户转化率，从而赢利。

除了以上几种价值外，大数据还可以实现模拟实境、辅助信息精准推送等功能，企业在运营的过程中可根据自身需要灵活运用，这样才能充分体现出大数据的价值。

那么，如何实现大数据的商业价值呢？

1. 从分析中获得商业价值

这里所讲的数据分析是使用高级的数据分析方法进行的，例如，通过数据挖掘技术、统计分析、自然语言的处理以及极端 SQL 等方法来获取商业价值。利用这些高级的数据分析方法，企业可以更好地获取数据的商业价值。

美特斯邦威作为一家大型的服装领导品牌，为广大消费者提供了更加个性化的产品，受到了广大消费者的好评。美特斯邦威之所以能够在竞争异常激烈的服装行业拥有如此高的美誉度，关键还在于其在大数据时代建立了属于自己的数据库平台，并且能够保持坚定的目标，并最终利用大数据在线上线下实现了零售业务的增长。美特斯邦威为了实现这一目标，与微软加强了合作，采用 Microsoft SQL Server 搭建了数据平台，通过对线上线下消费者数据的分析，深刻地洞察到当前消费者对于服装需求有哪些不同的变化，从而对不同的消费人群进行划分，为其定制个性化的服装服饰，从而实现了精准营销，使大数据的商业价值得到了很好的体现。另外，美特斯邦威还对在店内走动的客户的情况进行收集，并与其展开紧密的互动，将输入数据与交易记录相结合，指导商品的位置摆放、库存的优化调节等，让数据商业价值达到了最大化。

美特斯邦威借助 Microsoft SQL Server 的灵活性和智能性，对广大的消费人群进行分析，获知其真实需求，从消费者入手进行数据分析，使得其能够更好、更多地挖掘出商业价值。

2. 深入探索大数据，发现新的商业价值

大数据的来源其实有很多，发现大数据的新来源能够帮助企业更加深刻地认识大数据和探索大数据，从而发现以往并不知道的商业模式，例如客户群细分、客户流失的形式等。

3. 着重分析自己行业中有价值的数据

不同的行业所产生的大数据类型有所不同的，每一类数据给每个行业所带来的价值也是有所不同的。例如，淘宝数据魔方里所容纳的数据都是针对淘宝消费者的网页浏览、消费记录、交易记录等数据信息；汽车制造业所收集的数据都是从汽车传感器中获得的，包括 GPS 数据等，从而应用于产品的研发，为广大消费者服务。

● ● ●

　　以 Google 汽车为例。目前 Google 无人驾驶汽车已经横空出世，在该无人驾驶器研发前，研发人员在汽车行业收集了大量有关汽车性能、行驶过程中的数据，并将这些数据提取有价值的部分应用于 Google 无人驾驶汽车的研发。如今该无人驾驶汽车的行车距离已经超过了 48 万千米，其最大的特点在于通过车载摄像机和雷达传感器、激光测距仪与大数据完美结合来完成驾驶任务。Google 无人驾驶汽车的车顶上安装了能够发射 64 束激光射线的扫描器，当激光遇到车辆周围的障碍物时，就自动反射回来，并以此计算出与障碍物之间的距离。

　　此外，在车的底部还有一个测量系统，通过该系统，无人驾驶汽车可以测量出车辆的加速度、角速度等数据，而后再利用 GPS 数据计算出车辆的具体位置，之后，所有的这些数据都与车载摄像机所捕获的图像一同输入计算机中，通过计算机高效地计算和处理这些数据，系统就会进一步迅速做出相应加减速度的判断，以保证车与车之间不会发生相撞事故。

4. 使用媒体数据来扩展现有客户数据规模

　　很多时候，部分客户的产品评价信息会在很大程度上影响其他客户对于产品口碑以及企业形象的认识。社交媒体是大数据来源的一部分，也是众多客户表达意见和建议的重要渠道之一。充分利用社交媒体数据可以帮助企业更好地得知自身的市场知名度、品牌美誉度等，还可以明了消费者对于产品的情绪、态度等。

5. 将客户的意见整合到大数据中

客户的意见往往是推动企业不断前进的动力，企业可以对用户的意见或者合作伙伴的建议等进行全方位的分析，并将有价值的信息整合到大数据中加以融合，进而改进和完善当前的不足，大幅提升用户体验。

总之，大数据为企业带来的商业价值是十分巨大的，关键就看能否合理利用大数据来深入分析客户的购买行为，并用这些知识来增加客户的满意度，最终达到提升企业销售额的目的。

本节小结

大数据对于企业或者大型组织来讲，其商业价值总是被人们津津乐道，通过大数据获取巨大的商业价值看似十分容易，但是做起来很难，还需要企业对于大数据商业价值的体现方式能够融会贯通，这样才能达到事半功倍的目的。

4.1.2　用户价值：实现数据价值的主题化

著名戏曲大师梅兰芳有一次演出《白蛇传》，为了表现白素贞对许仙的怨恨，他要用力推一下许仙的扮演者，可是没想到用力过猛，把许仙推倒了，于是他就拉起许仙，然后再轻轻一推。就是这么一个小细节，把戏中原本要表达的怨恨之情改为爱恨交织的情绪，当即获得了观众热烈的掌声。从此梅兰芳再演此戏，就延续了这个一拉一推的动作。

如果我们在商业活动中看到了用户的这种心理需求，就应该高度重视，它很可能就是商机的所在。要是企业担心这只是个偶然的现象，完全可以再尝试几次，最后大数据会告诉你这种方法是否奏效。

我们通过大数据可以看出用户的偏好，进而推断出用户可能喜欢的相关产品。例如，前文提到的亚马逊的推荐系统，就是通过大数据分析这种相关性，从而节省了大量的人力物力。现在许多企业都开始利用大数据，它就好比企业的雷达，密切地关注着市场的大环境。

所谓大环境，主要是指人们生活的方方面面，企业的所有竞争最后都可以归结为满足人们生活需要的竞争。例如，人们生活中不需要家电，那么整个行业的存在就都毫无意义，因此企业必须关注用户需要的价值，这样才能实现自身的价值。

如今大数据可以记录用户的每一次消费行为，企业可以及时地对其进行分析，从而做出精准的预算或决策。

一些传统企业可能会说自己没有很好的数据库，其实大数据思维并不是一种数学的思维，它要求企业在有限的数据中找出和其他事物的相关性。但它成功的前提是，这个数据反映的信息可以用来分析用户的心理需求。

据统计，我国目前高收入的人群已经过亿。古人说，富贵不还乡，如锦衣夜行。也就是说，人们需要采取一种方式来展示自己的优越感。大多数人认为披金戴银是身份高贵的象征，于是商场里出现了许多被命名为"土豪金"的金色产品，这些产品受到了许多高收入者的欢迎。

这一数据成了许多企业预测中国市场的指标。劳力士手表推出了带有中国龙图案的金表，苹果公司也推出了金黄色的手机。

大家可以看得出来，以上企业研发产品的依据就是用户价值。企业只有通过数据分析出客户的偏好，才能更好地经营。此外，当下是以用户为中心的商业时代，如果企业不能密切关注用户的需求，将很难超越其他的企业。

此外，那些中小型企业应该看到这种竞争模式给自己带来的好处，就是只要自己能深挖用户价值，就有可能带来可观的收入。如今许多公司根据用户的兴趣爱好、消费习惯来改变商业模式，可见用数据来探知用户的价值将是企业必须关注的热点。

事实上，一切数据的产生都来源于用户，并且最终服务于用户，这就是大数据的使命和归宿，也是大数据价值得以可视化体现的方式。

4.2　数据可视化的关键

在大数据时代还没有到来之前，就有人提出利用那些看似杂乱无章的信息进行分析的观点。当然，这离不开对信息的筛选和处理。这些信息可能是具象的也可能是抽象的，但是在数据可视化的今天都可以以具象的形式表达出来。例如，人们表达电商对传统行业的冲击，完全可以把电商表现为一个巨大的浪潮。也就是说，数据可视化就是要让大家看到事物背后的规律性，或者通过这些可视化的图像联想到更多的东西。

1. 数据可视化的关键之处

（1）特征和规律

所谓可视化，简单来说就是塑造画面，并通过一些可视化的数据让人们探求其内部的特征和规律，进而提高自己的观察水平。例如，"高原级防晒，红景天"的广告词并没有告诉你高原级的具体防晒指标是多少，但是你能想到高原阳光的特征。至于规律，大家可以看感冒药"白＋黑"的广告，许多人都知道"白天吃白片不瞌睡，晚上吃黑片睡得香"这句广告词。

也就是说，企业所制造的可视化信息必须和产品的功能相吻合，切不可只为了追求视觉冲击力，而推出一些客户看不懂的信息或庸俗的信息。事实证明，用户很可能屏蔽这样的信息。

（2）认知过程

著名导演张艺谋有部电影叫《英雄》，曾创造出北美票房第一的业绩，可是在国内的票房一般。也就是说，中国人和西方人在审美上有所差异。如果企业推出这样的信息，则应该给出一定的解释，否则没人会去关注你的深意，这样的信息也就没有意义了。

●●●●

提起百岁山矿泉水，许多人恐怕只能想起"水中贵族，百岁山"这句广告词，至于那个画面就很难理解：一个高贵的公主从一个老者手中拿走一瓶水，这是什么意思？

有人说，这个广告讲述的是一个爱情故事。穷困潦倒的数学家笛卡儿偶遇年轻的瑞典公主克里丝汀，后来他有幸成为公主的数学老师。两人最终相爱，可是被国王知道了，国王处死了笛卡儿。笛卡儿给公主的最后一封情书是"心形线"。广告中把水比作情书，意喻"难忘、浪漫、经典"。

故事寓意很好，可是令很多对这则传说不甚了解的人感到费解。

人们对那些不了解的事情，很难感情前置，所以说百岁山的广告并不成功，再加上广告的时间受限，没有人会花时间去研究广告的创意。所以我们说，广告的寓意应该直观，让人能清楚所要表达的内容。

（3）提高设计能力

有个电视节目叫《交换空间》，在里面我们可以看到设计师的奇思妙想，不同的设计能力给人带来的感受是很不一样的，所以企业一定要想办法提高设计能力。

当下的数据是多维化的，企业首先要做到的就是把这些信息表现得条理清楚，因此可采用矩形图、透视图、坐标图等形式，这样便于用户查找相关信息。如果信息以文字为主，切记要在字体颜色和字形上下功夫，这样才能引起用户的关注。

2. 数据可视化的形式

（1）图表类型

图表是数据可视化的最特殊的方式，也是最常见的方式。表示数据的方法有很多，使用不同的符号、形状、排列等可以表示不同的数据化效果。常见的图表类型有条形图、饼图、折线图等，但是像桑基图、树图、等值线图的图表类型就比较少见，如图 4-2 所示。

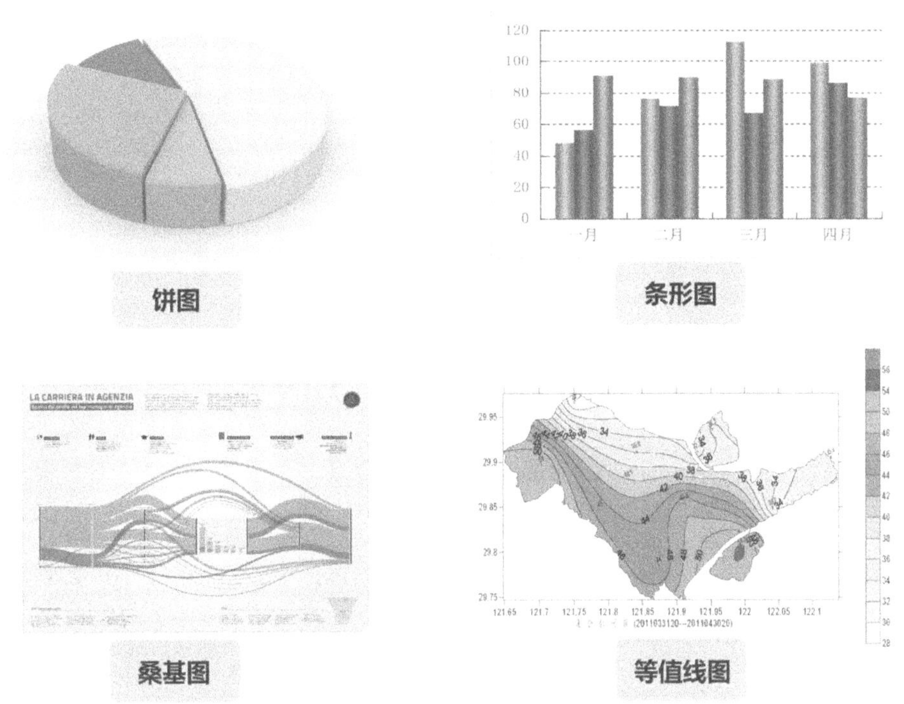

图 4-2　图表类型

（2）数据集合

数据集合实际上就是那些需要进行可视化处理的数据集合。这类数据通常以电子表格的形式表现出来。在电子表格中，行通常代表一个记录，即一个事物的实例；而列通常充当变量决策，代表事物的具体信息和情况，如图 4-3 所示。

（3）度量

度量通常表示数值的规模和范围。度量通常利用间隔来表示，度往往代表数字的单位，如价格、距离、时间、百分比等，如图 4-4 所示。

2006年度联想电脑销售情况表				
月份	华北区（台）	华东区（台）	华中区（台）	华南区（台）
一月	5555	4555	3515	3197
二月	4762	3762	2677	2329
三月	3969	2969	2963	1998
四月	3176	2176	2170	1175
五月	2383	1383	1960	1055
六月	3919	2919	2768	2392
七月	5455	4455	3632	2707
八月	6991	5991	3648	3558
九月	5091	4091	4787	4215
十月	3191	2191	5409	5225
十一月	1291	291	3404	3096
十二月	1900	900	1794	1682

联想电脑销售情况表2006 ╱ 季度销售统计表 ╱ 决策图表 ╱

图 4-3　电子表格

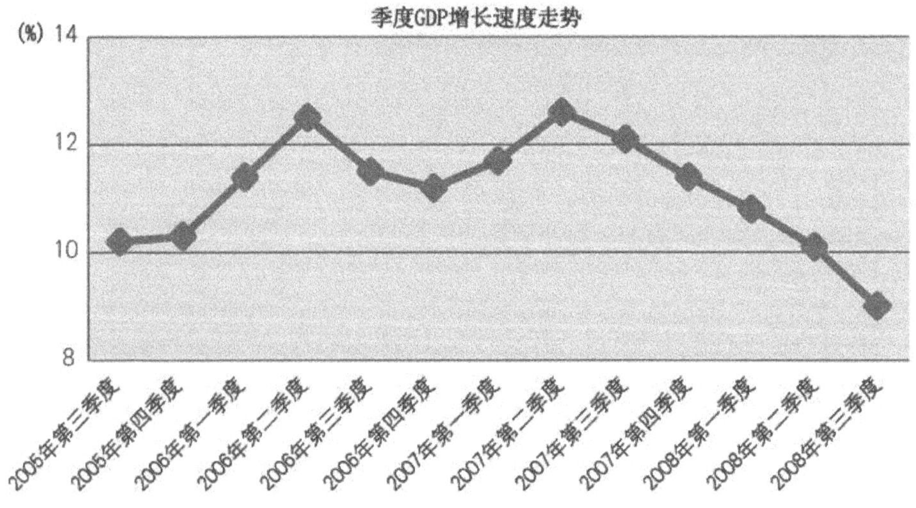

图 4-4　度量图

（4）图例

图例通常是利用不同的色彩、大小、形状等，给人带来不同的视觉感受，从而帮助读者更好地掌握图表中的信息。最常见的图例就是我们所看到的气象预报图，用不同的颜色区分不同地域的气温、降雨量、风级等信息。

（5）离群值

离群值是指那些与正常数值范围不相容的数据。以图 4-5 为例，在坐标中，偏离群体的红色点即为离群的数据。

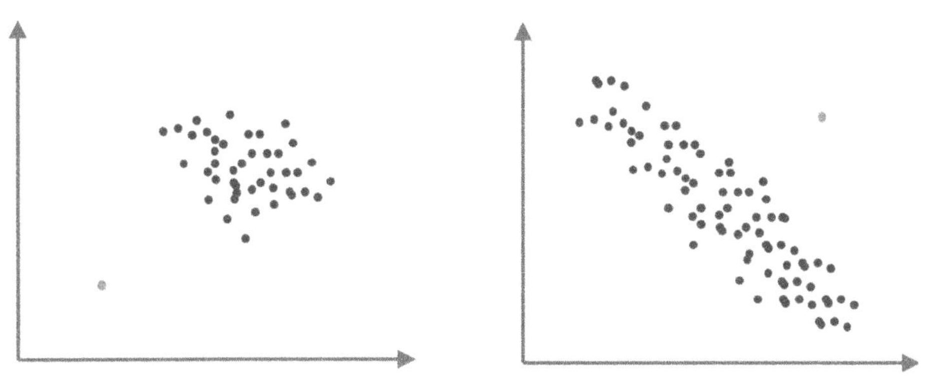

图 4-5　离群值图

总之，现在越来越多的企业开始注重数据的可视化，力求通过它向用户反映最直观、最多维的信息。所以我们就必须要注意以上的几大关键因素，这样才能使广告的外在和内在高度统一，以便用户了解自己的产品。

本节小结

大部分数据都可以实现可视化。通过可视化的图形、图表，我们可以向他人展示更加清楚、明了的数据信息，让人能够更加直观地看到数据中存在的共性、特点以及特殊性，这样可以帮助企业通过数据可视化效果看到自身产品和服务的不足和缺点，进而完善和改正，为广大消费者提供更加满意的产品和服务，不断提升企业的营销业绩。

4.3　可视化，数据变现的重要途径

说到"广告效益"这个名词，大家都知道，它就是数据可视化后能给企业带来的最直观效益。尤其是在今天，许多经济学家说，企业想要赚钱就要抓住用户的碎片化时间，如等车、午间休息等，因为他们在这段时间大多会浏览网上的商品信息，如果有很多人关注你的产品，这很可能会转化为巨大的经济利益。

戴维是一名出色的设计师，在大数据方面有着丰富的经验，他很早就提出了数据可视化的理念。那么如何让数据可视化呢？他认为弄懂大数据的概念是前提。有人认为大数据就是以前所说的黑匣子，还有人用大数据所包含的几个要素来回答什么是大数据。可是大数据所拥有的内涵要远远多于这一切，它不是折射实物的万花筒，而是能帮助企业解决运营过程中许多难题的实用工具。

如今的信息纷繁复杂，企业如果想创建一个明晰的数据库，就必然要提高数据的可视化水平。

可是人们在提高可视化的程度上有误区，即一味地提高数据的内涵，却不考虑用户的接受能力，这是不行的。我们常见的可视化数据都很简单，如道路上的指示标、红绿灯、斑马线，这些符号、颜色都能传达很明确的信息。也就是说，有时候很简单的东西就能带来很大的功效。所以有人在数据可视化方面提出了"四易原则"：易于理解、易于使用、易于接受、易于传播。

如今驾车的人越来越多，难免会用到可视化地图，在这方面谷歌地图就做得十分优异。有人说它是世界上最成功、最全面的可视性数据图。它围绕人性而制定，集中了几种数据可视化方法的优点，且使用方便，内容好理解。用户想要查一个数据，在上面可以看到多个视图的展示，完全可以根据个人的理解

能力去进行选择。

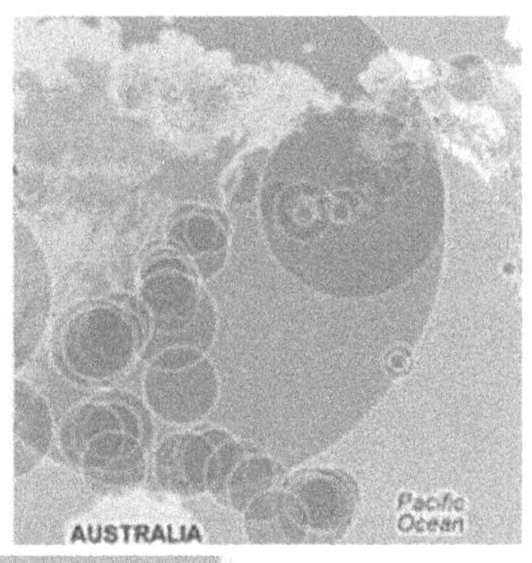

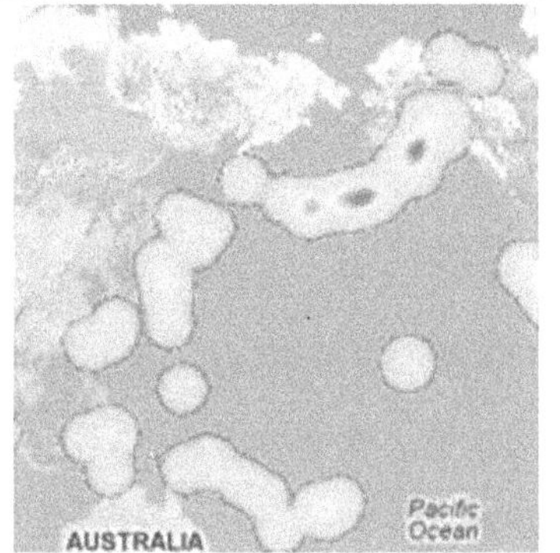

　　如果谷歌想把地图做得更细致一些，它也可以在里面标注一些风景名胜、全年的气温变化情况、降水量等，而且这些信息也因为科技的发展变得很好表现了。在这个过程中，企业要始终把着重点放在人性化服务上面。

　　人们对于信息大多有"三求"：求新、求多、求快。所以企业要想办法在一个广告中容纳更多的信息量，并保证人们愿意接受这些信息。

　　此外，企业要注重自己的可视化数据和其他企业数据的区分度，这样才会让其新颖，以引起别人的关注。例如，我们逛书店时会发现这样的现象：一些不畅销的书会冒充畅销书的样子，有时能欺骗几个消费者，可是不久就会滞销，就是因为内容不过关。而那些畅销书几乎都有设计独特的封面，并有很好的内文。

　　总之，数据可视化是数据变现的重要途径，但是在运用的过程中要多摸索，哪怕是有很不错的可视化产品，也不要忘了精益创新，这样企业才能不断进步。

数据能够通过可视化变现，这是每个运用大数据进行营销活动的企业所希冀的。通过数据可视化，企业所获得的不仅仅是直观的数据形态，更重要的是这些可视化数据能够帮助企业提升效益。

4.4 数据实现可视化的技巧

当前，数据可视化已经成为众多企业营销过程中必然的应用手段。通过借助图形化的手段，将信息进行清晰、有效的沟通和传达，是数据可视化的最终目的。实际上，为了清晰地传达主要思想，数据可视化在美学形态和功能上可谓是齐头并进，通过直观地传达关键的要素和特征，对相当稀疏而又复杂的数据集进行深入洞察，探视其中的本质。

这就意味着我们要在一堆看似杂乱无章的大数据中寻找到其中的规律和关联，并且明确发现其中的巨大价值。既然数据的可视化有如此重要的使用价值，那么数据的可视化是如何实现的呢？又是通过什么技巧实现的呢？

首先，将指标或指标值图形化。

先简单说明一下，通常我们将数据图表拆分为最基本的两类元素，即描述事物以及这个事物的数值，我们这里将其定义为指标和指标值。我们举一个简单的例子。假如在一个性别分布图中，男性占总人数的30%，女性占70%，那么这里的指标就是指男性、女性，而指标值就分别为30%和70%。

因此，我们可以发现，实际上指标值就是数据，是将数据的大小通过图形的方式表现出来。我们常见的柱形图、饼图、条形图等是常用的，因此企业可以尝试一下创新，让受众在视觉上产生一种与众不同的感觉，如能够将图形与指标的含义关联起来的图形。

来看下面这张与众不同、令人耳目一新的条形图，即将指标图形化。

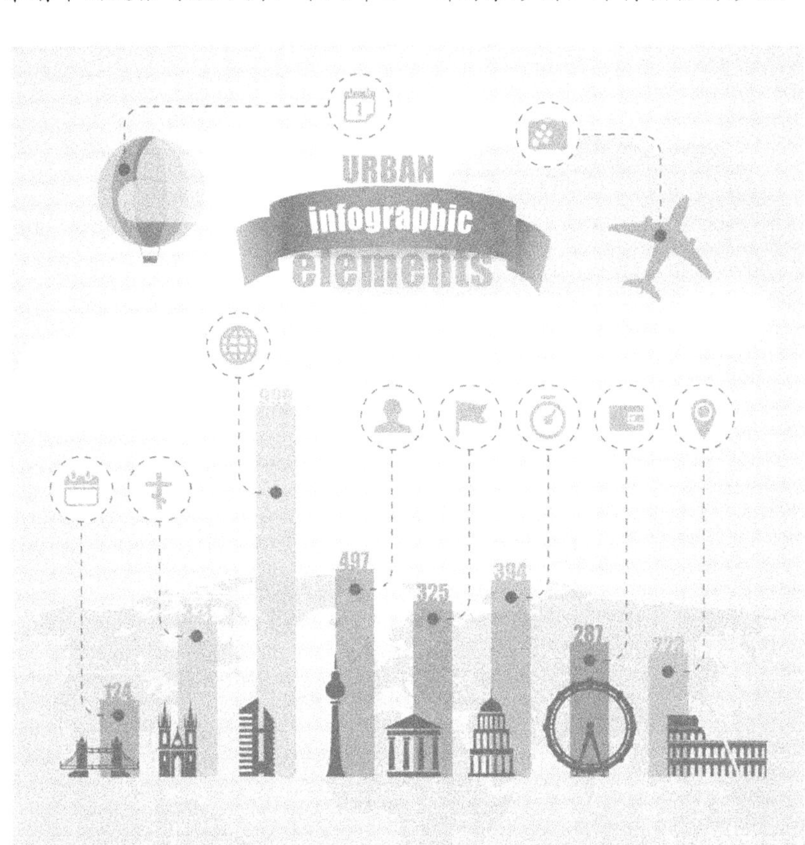

这是一张旅游信息图，从图中我们可以非常直观地看到，不同的旅游胜地在不同因素的影响下，旅游人数的多少有所不同。显然，这张图比传统的条形图更加内容饱满、全面，给我们带来了不同的视觉感受，无需太多的文字就能直观地表达其想要传达的信息。

其次，将指标关系图形化。

将指标关系图形化，实际上就是借助联想力，将自然或社会中的场景与当前的指标进行联想，或通过类似的关系表现出来。

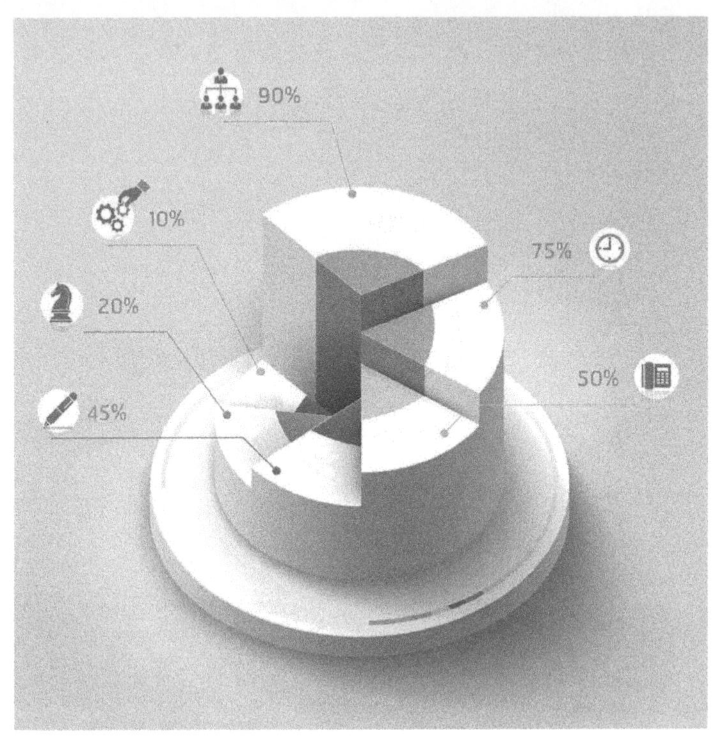

饼图是我们习以为常的图形，上图利用蛋糕的形状来表示，虽然是新瓶装旧酒，但是却能给人不一样的视觉感受。

最后，利用动态图形实现数据的可视化。

通常的图形都是静态的，然而用动态化的、可操作性的图表来演示数据的变动，可以更好地提升用户的视觉感受。常用的动态图形有以下两种方式。

1. 交互方式

交互包括鼠标浮动、点击、多图标识的联动响应等。

下图是百度统计流量研究院的时间分布图，采用的是左右表的联动形式。

左图中，鼠标浮动则显示对应数据，点击可切换选择。

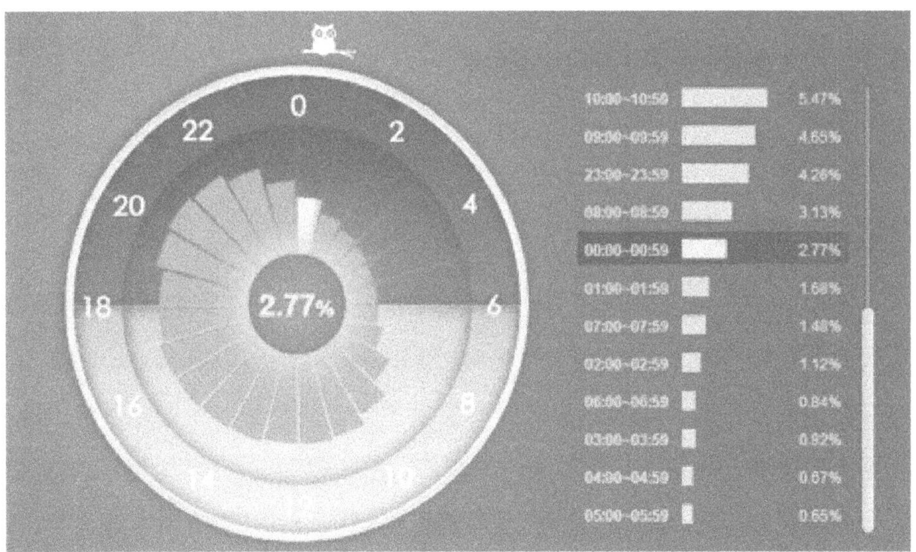

2. 动画形式

动画形式是通过动画将数据的变化情况表现出来的方法，包括增加入场动画、播放动画等。

实际上，数据的可视化形式有很多种，我们在这里也只是列举了实现数据可视化的几种常见、常用技巧，学会使用这些技巧，将帮助企业对市场行情、竞争对手、目标受众的变化等信息有更加直观和清晰的感受，帮助企业更加有效地制定下一步发展的计划和决策。

本节小结

数据可视化的形式多样，因此在使用的过程中的效果也是不尽相同的，企业在利用数据可视化的时候，要结合自身的特点、优势，从简洁、明了的目的出发，这样对自身的发展会有意想不到的帮助。

4.5　大数据下客户的"透视"

你对"上帝"了解多少

如今，大数据已经充斥了我们生活的每个角落，我们生活的方方面面都受到了大数据的影响。举例而言，谷歌等公司利用大数据研究智能家居，已经在该研究上投资了数百亿美元，智能家居的实现可谓近在咫尺。可以说，利用大数据可以做到我们想做的任何事情。由此可见，大数据所带来的影响是十分巨大的，已经成为了一种人们用来致富和达到目的的最有效的手段，也正是大数据使我们的生活方式焕然一新，因此大数据的价值堪比无形的石油和黄金。

就目前而言，大数据的价值更多地在企业营销中得到了体现。企业利用大数据可以获得更多的潜在客户，进而获得更多的赢利。大数据的出现使得客户体验成为当下营销必不可少的重要部分，使得客户真正地成为了企业的"上帝"。做营销有一道铁的规律："不论做任何营销，都要像对待上帝一般对待客户才能获得上帝的垂青。"因此，只有充分、有效地利用大数据深入了解自己的"上帝"，才能真正地达到致富的目的。

简单来讲，每个人都是一个"数据人"，我们在互联网上进行的一切活动都被企业、互联网、手机以及大数据定位跟踪，从而使得他们对我们了如指掌，之后便会为我们量身打造我们需要的商品，这不但满足了我们的需求，还给他们带来了无限商机。

平常在浏览网页的时候往往会发现，我们打开的网页的右下方或者左下方会经常出现一些商品促销广告，这些促销的商品其实就是我们最近可能在淘宝

上所关注的物品。有时候，我们的手机里也会出现相同的情况。面对这些情况，我们目瞪口呆，这个网页怎么会知道我现在所关注的是哪方面的事情呢？事实上，我们每次在网页中的浏览和购买轨迹都已经被记录和映射到了网络和手机传感器上，我们作为普通消费者的消费轨迹在无形中就被数据化了。

"上帝"的购买需求是不断变化着的，企业只有不断了解"上帝"的购买需求才能使企业对其内部运营、生产和供应链有针对性地做出相关调整，从而更好地带动企业物流和资金流的有效运转。传统的了解方式更多采用的是抽样市场调查，这种方法具有一定的片面性，从调查到调整运营模式，整个过程中表现出一定的滞后性，不能从根本上解决问题。在"数据人"时代，企业能够更加便利地分析"上帝"们的兴趣、关注热点以及企业自身运营环境，使得"上帝"的生活轨迹可以更加真实、更加精准地被记录下来，而这对于企业来说，能够更加有效地把握市场，使得调整自身运营变得更具有实时性和精准性，从而实现企业目标。

那么，"上帝"的数据信息从何而来呢？

首先，传统结构化数据。大数据技术的不断提高，使得获得数据的方式也得到了不断的改进，再加上互联网、物联网技术已经发展到了一定阶段，我们可以发现，获取传统结构化数据的方式变得越来越简单、快捷、精准。

其次，非结构化数据。移动互联网的出现推动了微博、微信、邮件等一系列社交软件向着更加快捷的方向发展，也使得由此而产生的非结构化数据量更加庞大，这就可以使企业更加快速地获取关于"上帝"的更多有用的信息。

最后，流数据。流数据是由流媒体而产生的数据。流媒体也叫流式媒体，指企业用视频传送服务器将节目作为数据包发送到网络。如今，无论是手机信息、监控信息、通信信息等，都可以产生大量的流数据，企业要有效挖掘这些流数据，如此才能更好地了解"上帝"的各种喜好、习惯、思维等信息。

大数据发展到了今天，越来越多的企业意识到了大数据的重要性，明白合理利用大数据可以为企业创造无法想象的巨大价值。只有真正通过大数据了解了你的"上帝"，才能知道"上帝"的真正需求，进而更好地为"上帝"提供更贴切的个性化定制产品和服务，才能赚取更多的利润，这是每个企业获得成功前都应该做的最基本的工作。

本节小结

"顾客是上帝"这句话虽然不是什么新词，但是这句话对于企业来讲确是终身受益的。在大数据时代，服务成为整个时代市场经济发展的主流，企业与企业之间的竞争已经不再仅仅是产品优劣的竞争，而是将战场转向了为客户提供服务的层面上来。要为你的"上帝"提供什么样的服务才能使其身心愉悦，关键还在于你能否通过大数据分析掌握"上帝"的需求。只有前期做好了对于"上帝"的了解工作，才有后期流畅的销售、惊人的业绩。

4.6 利用大数据实现客户体验最优化

4.6.1 大数据用于客户体验监控与优化

如今，客户体验已经不再是产品的附属品，而成为一种纯主观的消费体验，客户花钱购买的不仅仅是质量过硬的产品，产品体验也成为一种消费主流。这使得越来越多的企业更加注重客户体验，并借助大数据实时监控和优化客户体验，让更多的客户在享受良好的客户体验的同时，也帮助企业不断提升和完善产品质量和服务品质，吸引更多的客户前来消费。

　　随着互联网的发展和大数据的出现，企业已经成为大数据应用的主体。大数据对企业的运作、运营模式的改变也是显而易见的。可以说，今天的大数据在企业中的应用每天都在推陈出新，使企业真正从中获益。利用大数据提升客户体验是大数据在企业运作过程中逐渐形成的一种商业模式。

　　企业可以通过大数据对客户体验进行监控，从而对获得的有用数据进行分析，帮助营销战略人员重新规划和设计商业模式，使得客户体验实现最大程度的优化。企业为了能够更加了解和推动营销工作，就必须定期分析营销工作中的客户体验的数据指标。这些数据指标会突出反映企业在哪些方面表现得比较优秀，而在哪些方面处于劣势，需要做相应的改善和调整，甚至在哪些方面做得十分糟糕，需要放弃或取消计划。通过对科学数据的掌握，企业可以很好地识别其在营销活动中存在的问题，从而引导企业利用大数据对于客户体验进行优化。

　　自 2013 年以来，手机游戏进入了高速发展时期。此时，一个经过多年潜心打造的收集游戏交易平台魔游游推出了国内首款手机游戏 APP。魔游游推出其 APP 之后，利用账号交易的用户数量占到了总交易数量的 1/3，但是随着卡牌类休闲游戏的逐渐兴起和受到热捧，账号交易已经成为一种主要的交易需求方式，但是由于很多用户在进行交易的过程中，对交易流程并不熟悉，因此在出售账号的时候对于账号所应有的价值并没有十分明确的概念，有的用户连账号的大概价值范围都无法预估。这样就使得越来越多的用户最终不得不闲置账号，甚至有的直接放弃游戏。这样无论对于游戏开发商还是游戏用户来讲，都是一种损失。对于这样的情况，魔游游积极采取措施，对用户体验进行实时监控，收集了大量相关用户数据信息，并对造成这种境况的原因进行分析、改进、完善，最终将用户的账号价值作为主要切入点，在 2014 年推出了一款全新的魔游游的支撑产品"魔估估"，魔估估的用户如果不想真的退出游戏，可以在估算账号价值的版面中进行设置：用户可以在"我要出售"和"取消"两个选项中，选择是将账号卖出还是保留。同时，倘若用户要出售账号，还可以设置售卖时间、售卖价格等。此外，用户还可以自由支配自己的售后资金，如将其转入自己的银行账户，也可以继续在别家购买商品。魔游游的这种做法极大地提升了用户体验，因此也吸引了超过千万次的访问量，每日进行用户查询、出售、购买其产品操作的用户达到了 3 万人之多，实现了日成交量超过 2000 单的销量。

如此看来，"魔估估"的成功就在于充分分析了用户需求，并在不断完善现有产品的基础上推出新的产品。虽然"魔估估"的成功已经不再是独一无二的案例，但却是当前众多企业学习和效仿的榜样。

由此可见，大数据已经成为了一种提升用户体验的技术手段，利用大数据对用户体验进行监测，并对监测到的各个环节的数据进行转化，发现产品的不足、服务的不完善，根据监测数据的分析、整合，实现用户体验的不断创新，最终迎合用户体验需求，更好地提升企业的运营效率，达到营销利润最大化。

本节小结

在大数据时代，客户体验已经成为企业营销的主导思想和动力，实现客户体验的监控与优化是企业需要给予关注和重视的一个重要因素。

4.6.2　大数据用于用户口碑监控与优化

早些年，苹果手机有一个设计理念，就是机身不要大过手掌，因为这样用户携带起来才比较方便，但是任何事情都是有一利就有一弊。有人向苹果管理层反馈，说长时间看苹果手机眼睛比较累，于是苹果公司开始加大苹果手机的显示屏。

可这种加大不是毫无依据地加大，苹果公司的产品经理仔细研究了各个型号的手机在市场上的销售情况，最后才开发出一款不仅适合用户携带，而且不累眼睛的手机。这就体现了数据在帮助企业打造口碑时起到的重要作用。

除此之外，数据还可以直接帮助企业建立口碑。例如，我们在网络上听歌，经常会关注歌曲的点击率，如果点击率高，我们则容易相信它是一首不错的歌曲。

以上说的都是大数据在产品方面的价值，其实大数据还可以用来描述企业，而且这方面的描述最容易得到用户的信任。例如，一个辅导机构介绍师资力量时会提及硕士生和博士生教师的人数；介绍学习环境时，必然会介绍教学楼的面积。展示这些数据的目的就是要达到用户心中的一个标准，而这个标准就是企业打造口碑的关键。

用户衡量一个企业实力的大小会看它的成交量、资金周转周期等数据。企业也可以通过查阅用户的数量来打造和优化自己的口碑。

几年前有一个电影被广大影迷称为"数星星"——就是中影集团推出的《建国大业》。该片明星阵容过百位，这些明星每个人都有众多粉丝，由于他们的观影，中影集团收到了很高的票房。

现在许多电影公司也都采用明星效应，就是因为知道明星背后有很多的粉丝，他们不仅能帮助自己建立口碑，也是自己经济收入的来源。

企业想要打造自己的品牌必然离不开用户的口碑，所以一定要通过大数据来检测自身在用户心目中的价值。现在许多人都会在网上购物，这些网络消费者必看的一项数据就是用户评价。例如，倘若一款背包的评价是：线头处理得不够好，拉锁易坏，有油漆味，日晒后褪色。那么相信大家看到这些负面数据后，就一定不会购买此款背包。

这个时候，企业就要对这些数据高度重视了。最先要做的就是向消费者承认错误，然后及时提高产品质量，甚至要优化产品的质量，因为你的口碑受到了影响，想要恢复就必须付出更多的努力。

总之，大数据能帮助企业了解自己被夸赞和批评的地方，这些正是其需要发扬或规避的地方。所以我们说，只有充分利用好大数据，才能吸引更多的用户。

　　口碑犹如一把双刃剑，正面口碑有助于企业产品和服务的推广，负面口碑则会损害企业的形象和声誉。在互联网与大数据日益繁荣的时代，合理利用正面口碑和负面口碑，将促进企业对产品进行提升和改善，并确立以消费者为中心的生态化发展目标。

大数据营销之用——数据分析方法及应用

　　大数据时代要求营销和销售部门对客户响应、营销过程、行业竞争做深入的分析，为决策者提供真正的决策支持，特别是为每个营销动作提供最佳的运作模型，这就需要企业学会构建适合自身发展的企业分析体系。另外，在营销过程中，还要学会利用数据挖掘技术来帮助企业制定更好的决策，这是大数据在企业营销过程中的基础应用。

5.1　如何将数据与企业营销相融合

5.1.1　数据收集和准备

对于所有企业来说，在数据收集以前就应该具有一定的目的性，可是这样收集的数据就不一定精准和适用。所以企业还要从中筛选，为自己的营销做充分的准备。通常来说，数据的收集和准备可细分为收集、筛选、准备和制定几个环节。

有人说这一过程很像艺术创作，数据的收集就好比艺术体验，二者都是很长期的过程，在这个过程中，数据分析师要像艺术家一样，从众多的数据中找到最有价值的数据，然后想办法把它优化，如此得出的结论才能更好地为企业服务。这就好比鲁迅写《阿 Q 正传》，他要从关于阿 Q 的素材中找出几件最能反映他性格的事，并用一些写作手法把这些事描写得生动耐读。

可是当下的大数据可以说数量繁杂，企业要想从中找出有价值的东西，可谓不易，但是它必须这样做，否则以后的发展道路很可能因为数据使用的偏差而出错。

有人问如何才能制定出相对精准的营销策略。相关专家认为温故而知新是很好的办法，也就是要用相应的工具或平台保护好曾经的数据。有了过去的东西做参照，才能知道自己今天的营销方式是否有所进步。

提起"大数据"这个名词，知道的人很多，可是真正把它当作战略资源去应用的企业却不多。尤其是在国内，一些企业都是有了问题再采取大数据解决方法，这只能叫作救急，而不能算是做准备。

所谓准备，包括全面性和针对性两方面。这就像一个优秀的球员，他会准备很多进攻的技巧，但是针对不同的防守队员，就要选择采用不同的打法，这样才能在激烈的赛场中占据先机。

一些拳击运动员会通过观看录像的方式来搜集和准备数据。例如，著名拳王刘易斯被一个没有名气的拳击手一拳打倒在地，原因就在于那名拳击手通过录像找到了他的弱点。也就是说，我们要在搜集的数据中，找到准备的参考要素，最后才能制定行之有效的策略。

在当今时代，每个企业想要精准地营销，就需要建立完备的数据体系，这样才能找到营销的切入点和以后的发展方向。很多人都认为创建数据库是一件非常棘手的事情，也是一件非常具有神秘感的事情，但是如果能够掌握以下几个步骤，建立数据库也不是难事。此处我们以 Access 数据库的建立为例。

首先需要选择创建数据库的工具，即 Microsoft SQL Server 2008，然后开始逐步操作。

第一步，在 SQL Server 2008 中选择单击 Microsoft SQL Server 2008 Management Studio，这时会出现一个对话框。

第二步，在服务器名称中选择本机对应的服务器名称。之后单击"链接"，进入 Microsoft SQL Server 2008 Management Studio。

  第三步，用鼠标右键单击"数据库"，选择"新建数据库"，在这个窗口里输入数据库名称，同时也可以对数据库的文件类型进行修改。

  第四步，在命名好数据库的名称和定好数据库的类型之后，点击下方的"确定"，这样数据库的建立就完成了。

掌握了数据库的建立步骤和方法，即便是普通的个人和中小微型企业也可以拥有属于自己的数据库，并利用数据库为自己服务。

总之，随着信息时代的到来，我们应该把大数据看成一种战略资源，这样才不会被动地去收集数据，而是积极地去做准备，以应对突发的事件，甚至奋勇前进，占据领先位置，这样企业才不会在市场竞争中处于被动的境地。

本节小结

　　数据已经成为当前企业营销的必备利器，要将数据与企业营销进行很好的融合，关键的一步也是最基础的一步，就是能够做好数据的搜集和准备工作，为后期的数据应用于企业营销做好准备。

5.1.2　利用优秀的数据挖掘平台

关于什么是优秀的数据挖掘平台，不同的人有不同的看法。有的人认为数据多的平台就是好的挖掘平台，如微信、百度，在上面有各行各业的企业和用户，企业总会找到属于自己的用户群。有的人认为一个数据挖掘平台是否优秀，必须看它能给企业带来的效益有多少。也就是说，你找到的客户很有可能成为你的目标客户。

就两者来看，直接去找可能存在的目标客户很显然更省时，也更高效，因为这种办法省去了筛选这一繁琐的环节。例如，你是一个建筑商，需要找人画一面美术墙，相信你一定更愿意去找美术学院的老师或学生，而不是去综合大学去找那些艺术特长生。

这样做的原因在于以下几个方面。首先，我们从专业实力上去看，美术学院的学生显然要比综合大学的学生实力更强一些。所以在这个提倡质量第一的商业环境下，他们占有优势。其次，美术学院虽然在总人数上不如综合大学，但是在美术领域，其人数可能要比综合大学多，也就是目标要更多。

互联网思维中有种理念，粉丝规模大是很重要的，但是没有高质量的粉丝是不能成全一个企业的。用这种理念来衡量一个数据挖掘平台是最为客观的。所以企业应该找既有很多数据又能为自己所用的平台，这样的平台才能称为优秀的平台。

提起电影《小时代》，其高票房令人印象深刻，其成功的原因就在于找到了有利于自身挖掘数据的平台。

影片导演郭敬明在微信、微博、QQ 上对影片进行推广，受到了许多 90 后女粉丝的追捧。于是这部影片就专门针对 90 后女生打造。影片的预告和花絮都抓住了这些目标用户的心，所以才有如此高的票房收入。

据统计，在我国收入最多的 25 位作家中，其中有 11 位是 80 后，他们中大多数都写青春题材类电影，然后通过微信、微博去推广。如果拿他们的作品和那些老作家比，思想深度可能还有些差距，可是他们成功了。他们成功的原因就在于知道哪些数据挖掘平台能让他们找到更多的目标用户。

除此之外，导演郭敬明、演员杨幂等，他们的微信、微博本身就是很优秀的数据挖掘平台。据统计，他们在自己的平台上的粉丝数已经超过 1 亿，这么庞大的粉丝群，《小时代》又怎么可能不成功？

总之，企业想要找到适合自己的数据平台，就一定要知道自己的目标客户在哪个平台上。例如，《世界时装之苑》杂志，其服务的对象就是一些文艺青年，所以它没有在微博、微信上更多地挖掘数据，而是把经营的主要阵营安置在了天涯社区和豆瓣小组，因为那里有很多有品位的文艺青年，找这样的平台去吸粉，目标更精准。

目前较为常用的数据挖掘平台有以下几个。

1. R（http://www.r-project.org），该平台主要是用户统计分析和图形化的计算机语言以及分析工具。

2. Tanagra（http://eric.univ-lyon2.fr/wricco/tanagra/），使用图形界面来进行数据挖掘。

3. Weka(Waikato Environment for Knowledge Analysis，http://www.cs.waikato.ac.nz/ml/weke/)，是使用最多的数据挖掘平台。

4. YALE(Yet Another Learning Environment，http://rapid-i.com)，提供图形化界面，采用类似 Windows 资源管理器中树状结构来组织分析组件。

5. KNIME 该数据挖掘平台的每一个节点都带有交通信号灯，用户指示该节点的状态，其中红灯表示未连接、未配置、缺乏输入数据；绿灯表示执行完毕；黄灯表示准备执行。

6. Orange（http://www.ailab.si/orange），类似于 KNIME，其图形环境被称为 Orange 画布，用户可以在画布上放置分析控件，然后将控件连接起来组成挖掘流程。

总之，一个平台是否优秀，要从企业和用户两个方面去考虑。只有那些有利于自身发展的平台，才值得企业去深入地挖掘。

本节小结

优秀的数据挖掘平台好比是一个企业的营销通向成功的桥梁，借助于优秀的数据平台，企业可以快速发觉用户需求，从而制定更加接地气的消费产品和营销决策，实现适销对路的目的。

5.1.3　营销运作和大数据的深度结合

互联网发展的速度越快，大数据对企业的作用彰显得越明显，许多企业也把目光聚焦于此，还有一些大公司专门经营大数据，可见它在当下的巨大价值。

可是大家都明白一个道理，处于事物萌芽期的企业，获利相对容易。例如，小米科技很早就借助微信营销，所以获利颇丰。在事物的发展期，大家对事物都有所了解，想要获利就比较困难。这就好比和他人拔河的相持阶段，大家的力量都差不多，获胜的关键就要看技术了。

许多人都看过美国 NBA 篮球赛，那些缺少团队配合的队伍几乎都拿不到总冠军戒指，原因就在于队员和队员之间的结合不够好。例如，2015 年的美国职业篮球联赛，备受国人喜欢的休斯顿火箭队在西区决赛中不敌金州勇士队，原因就在于球队之间缺少默契，有时候中锋都深入到了篮下，控球队员却无法把篮球传进去，这是失败的主要原因。企业在营销的过程中要是不能利用大数据完成各个环节的深度结合，最后也必然会败在运作流畅的竞争对手面前。

以往大数据只属于那些大型的互联网企业，如今任何企业都可以通过搜集和准备工作，来建立能为自己所用的数据库了。所以有些过去难以解决的营销问题，在今天也可以轻松破解。

张强是一位美国的留学生，几年前归国创业，在一番衡量以后，他选择了进军家具行业。这对他来说可是个全新的领域，在创业初期，他不仅在技术方面是摸着石头过河，对于这个领域的许多信息也不甚了解。

他起初经营家具的原因是这一行有很高的利润，可是真正进入后才发现获利的家具商没有几个，还有一些企业很长时间都是在负债运营。为此他感到十分奇怪，于是专门做了市场调查和大数据分析，得出的结论就是，产品的运转周期太慢了，企业的许多资金都消耗在租用门市房上面了。

张强认为解决这个问题的办法就是加快产品的流转。一开始他想到了降价销售，可这显然不是一个好办法，因为家居产品周转周期长是因为使用寿命长，而不是因为价格昂贵。于是张强想到了利用大数据去分析各款家具的销售情况，很快就发现了客户最喜欢的家具款式，于是他就从家具的款式方面入手，调整经营方式，不久后就获得了巨大的收益。

试想如果没有大数据给张强做参照，他就算找到了化解企业苦难的办法，但是依旧无法执行，因为他无法确定哪一个款式会很畅销，如果自己盲目地更改，造成了销路不畅，必然会损失巨大。可现在不一样了，小企业可以利用转向灵活的优势，迅速经营市场上的尖端产品。但是就市场快速变化的情况，一些专家建议，企业在找到尖端产品后，不要大批量生产，而是要深入地观察市场的饱和度情况如何，这方面大数据会给出相应的提示。如果饱和度已经快要满了，不如马上经营其他畅销的产品，这样能保证在市场一直占据先机，从而赢利。

说到营销运作与大数据的深度结合，其实两者的结合实现了以下几点，如图 5-1 所示。

图 5-1　营销运作与大数据的深度结合的效果

首先，实现了实效营销。对互联网营销来讲，实效性是最重要的一点，然而结合大数据，则在原来的基础上使实效性更加明显。通过大数据快速获得消费者信息，并及时分析消费者的需求，这种方法可以帮助企业快速生产能够满足消费者需求的竞品，能够第一时间在众多竞争对手中脱颖而出抢得市场先机，实现实效营销。

其次，实现了精准营销。 关于精准营销，前边已经讲过。实际上，在市场中，有95%的受众其实都不是企业的真正消费者，只有5%甚至更少的受众才是购买企业产品的消费者，这样就使得很多企业没有达到预期的销售目标。以往盲目生产产品，然后再四处寻找消费者的思维方式已经不适应如今的时代，当下通过大数据的方式去寻找购买人群，才是企业进行产品定位、让产品与消费者需求匹配的最佳方式。这种方式就是通过大数据与营销运作相结合实现的精准营销。

最后，实现了体验营销。 当前，几乎一切营销活动都是围绕消费者进行的，消费者成为整个营销环节的主导者。如此一来，企业就需要想尽办法给消费者提供能够让其满意的消费体验，实现体验营销。

在大数据时代，或许你正在驾驶的汽车可以基于大数据提前预测你的驾车速度、其他车辆的驰骋速度等来预警，从而避免一些事故。如今很多车中都安装了传感器，这些传感器可以及时收集车辆的运行信息，在你的汽车关键部件发生问题之前，就会向你或者你购车的4S店发出警报，这样做的目的绝对不仅仅是为了省钱，更重要的是保障你的人身安全。在美国，已经有很多企业实现了传感器预警。美国的一家UPS快递公司在2000年的时候，就已经实现了基于大数据分析来对全美60000辆汽车的实时车况进行监测，以便及时为车辆进行防御性修理，这在很大程度上保护了人们的生命安全。

总之，企业要把大数据分析法用在企业运营的每一个环节上，并保证每一个环节都有大数据的深度参与，这样才能在同行业中一直处于领先的地位。

本节小结

大数据作为一个具有高渗透性的行业，正与各行各业的营销相结合，从做预算到投放市场再到调整营销策略，大数据都在其中起到了很好的作用，打破了原有的思维，改变了传统营销方式，实现了精准营销。

5.1.4　大数据营销下对销售人员的技能要求

作为企业，其生存的核心就是进行井然有序的市场营销。但是企业中一些缺乏营销分析概念、营销技巧和方法的工作人员在市场部和销售部中大量存在，因此使得企业所积累的大量有价值的数据不能够很好地被利用，造成了数据资源的极大浪费。此外，这些营销人员还缺乏对客户、竞争对手、营销、业务等方面的深入了解，因此在营销过程中所做的决策往往是凭借经验或个人直觉来进行的，这使得决策结果存在很多原本可以避免的误差、偏差。

本节将详细介绍大数据营销下企业对岗位人员的技能要求，如图 5-2 所示。

图 5-2　大数据营销下企业对岗位人员的技能要求

1. 摒弃直觉

据相关数据统计，大多数人在对客户的购买行为做出决策的时候，往往是通过直觉，只有 11% 的人是借助大数据来进行决策的。实际上，在很多情况下，销售人员在进行决策的时候，往往是先根据自己的直觉或经验来做判断，之后才考虑用数据解决。事实上，在如今大数据发展的爆发时期，仅仅凭借直觉并不是可靠的决策方式，相反会使得决策越来越不靠谱。因此，我们要及时摒弃这种靠直觉来判断的错误习惯。

2. 学会统计

作为一名企业的销售人员，无论工作职务处于哪一个级别，都应该具备处理数据的能力，都应该学会对库存、出货、费用、促销等一系列数据进行统计。只有这样才能将这些数据是否健全、是否精准、是否有价值等加以区分，进而对市场进行准确的判断，对下一步营销举措做出有效的预测，这样有助于产品的推广和销售量的提升。然而，很多情况下，企业的销售人员并没有真正具备统计分析能力，他们往往没有精准的辨别能力，在进行日常销售活动的时候往往表现得无所适从。

通常，销售人员应当全面掌握各方面的营销数据，包括产品库存数据、出入库数据、渠道细分数据、费用投入数据等。这些数据里还包含着很多子数据，举例而言，产品库存数据中包含了众多产品单品的库存以及单品在整个库存中所占比例的数据；出入库数据中就必须包含单品的出库数量以及区域流量等；渠道细分数据则包括了来自大中小型零售终端、特殊渠道等的数据；费用投入数据包括投入产出数据，即人员投入产出数据、促销投入产出数据等。

3. 学会分析

在大数据环境下，销售人员应该具有强烈的数据敏感性和强大的数据分析能力，要善于对所分析的数据进行统计和归类，根据已有数据分析得到相应的市场发展规律，并发现市场问题，进而做出准确的判断，拿出最为准确的处理方案。

4. 合理利用

很多销售人员在得到大量数据的时候，就会毫无选择地拿来就用，而不是对所拥有的数据进行分析判断和合理利用，其实这种做法不但不能达到预想的效果，反而会给企业带来巨大的破坏性，甚至将企业错误地引向衰亡。因此，在使用大数据的时候，我们要注意有针对性地合理利用，切勿拿来就用。

5. 要摒弃干扰

有时候数据太少则显得不够完整，而数据太多的时候，往往会给人带来一定的干扰，让人在选择的时候容易出现选择恐惧症，甚至给营销结果带来巨大的偏差，影响营销效果。这就要求销售人员在大数据环境下，要具备适应不确定性的能力以及能够将注意力集中在高级目标层次上的能力。一旦具备了这些能力，销售人员便能够过滤掉干扰因素，全身心地向成功的方向前进。能够全身心地抵抗干扰因素的人其实并不多，甚至寥寥无几，但是一旦拥有了这种抗干扰的能力，销售人员就可以时刻提醒自己，以防止偏离营销航线。

在大数据环境下，合格的销售人员如果能够具备以上 5 个技能，便可以在大数据营销的战场上驰骋杀敌，为企业打败竞争对手，赢得行业领域先锋的头衔。

本节小结

营销人员在任何时候都肩负着重要的桥梁作用，一方面连接企业，为企业寻找目标受众；另一方面连接消费者，为消费者寻找真正能够满足其需求的产品。这就对营销人员提出了更多的要求，尤其是在大数据时代，营销人员更应该具备各种技能，这样才能为企业和消费者更好地服务。

5.2　基于关键指标的分析方法

5.2.1　经营过程中的关键指标

衡量任何事情的好与坏都有一些关键性的指标。例如，衡量一个人是否健康，运动专家会测试他的脂肪和肌肉含量；衡量一幅画是好是坏，首先就要看它的构图和设色。企业营销中也有一些关键性的指标是管理者必须要关注的，可是因为很多人不知道哪些数据是重要的指标而被忽视了。

还有一些管理者虽然找到了关键性的指标，却因为分析得不深入而无法指导正确的营销。我们经常能看到一些企业，员工每天花费大量的时间来填写报表，可是那些数据对公司提高业绩来说毫无用途。也就是说，那些数据无关紧要，不能帮助营销策略的制定及资源的分配等重要事项。

下面就让我们来看看哪些指标才是企业经营中的关键指标。

1. 畅滞销款

许多人看到这个词时一定不会认同，他们觉得应该利润才是关键指标，可是没有一个良好的运营过程，利润何来？所以我们选择最根本、最直接的数据来作为企业营销的重要指标。

仔细分析产品的畅销和滞销对进货和补货帮助十分巨大。如果产品畅销却库存不足，很可能错过商机。反之，产品滞销，却库存充足，最后只能造成产品积压。企业只有了解相关方面的数据，才能找到产品畅销和滞销的主要原因，从而及时完成补货或减少成本的损失。

有时候紧俏的产品实在难以供应，企业还可以找一些替代品。若是遇到滞销的情况，企业可以进行促销。可是这些办法治标不治本，企业一定要找出自己获利和受损的真正原因。例如，产品质量、产品款式、陈列位置、营销技巧等，这样才能制定出更好的营销策略。

许多企业喜欢把产品不畅销的原因归结为产品质量不过关。这种营销理念在今天正是产品滞销的一个重要原因，但更为重要的原因可能是产品不符合用户的强需求。天使投资人麦刚说："强需求胜过一个好产品。"也就是说，在当下畅销的产品必须能满足用户的强需求。

在国内的一线城市聚集着很多的人，这为交通带来了巨大的压力。有时候坐公交，在高架桥上堵车，情况最为郁闷，想要下车搭出租车都不行。虽然可以选择坐地铁，可是有些地铁站离要去的地方很远，还不如直接搭车呢。

可是搭车谈何容易，遇到上班的高峰期，人们经常搭不到车。还有司机因为道路的问题而拒载。正是在这种情况下，滴滴打车应运而生。乘客可以提前和司机预约，这就免除了搭不到车的尴尬。

该软件推出后，在武汉使用率十分高，因为在那里每 1 万人才能享受 12 台出租车的服务。这样的软件不仅受到了用户的青睐，也受到了司机的欢迎，因为他们不用再像以前一样到大街上去寻找乘客了。

由此可见，造成产品畅销的原因不只是产品质量，还包括其他很多方面的因素，但是围绕客户需求去研发产品是产品畅销永远不变的前提。所以企业在分析产品的畅销和滞销方面的情况时一定要落实到根本上去分析，这样才能为以后的发展制定出正确的策略。

2. 产品销售比率

研究产品销售的比率可以指导资源的优化配置、产品的精准营销、库存的合理安置等环节。在这个分析过程中，企业既要和自身做比较，又要和其他企业做比较。也就是说，企业必须了解自己各类产品的销售情况，如果产品畅销，就要多订货，滞销则少订货。如果畅销的产品和其他企业比较仍有很大的差距，则要考虑经营方向的问题。此外，有些商品虽然一时销售得不好，但是有很大的市场潜力，企业不能对这样的产品掉以轻心，如此才不会错过商机。

以上几项指标就是企业在营销中最为关键的指标。如果把它们分析透彻，那么类似销售周期、同比等指标也可以得到很准确的推测。所以营销人员在分析营销中的问题时就要从关键性的指标入手，这样才能找准营销的大方向。

本节小结

指标可以说是一种衡量，是一种规范，在经营过程中，关键性指标

> 对于营销来讲，可以说是一种约束，在营销过程中通过关键性指标来定向，对于企业营销而言大有裨益。

5.2.2　案例思考：有效分析市场数据

以往企业进行市场分析的时候，难免要利用调查表、层别法、柏拉图等来分析客户的类型、商业的环境、未来发展的方向等。其实在互联网高速发展的今天，这些方法也依旧在用，只是因为科技的发展，改变了一些运用的形式而已。

如今，许多企业可以利用互联网全方位搜集顾客的数据，如实体店消费情况、网购情况、浏览的产品等，数据分析师通过这些数据就能绘制出顾客的消费导图。有了这种导图，企业就可以发动员工和用户深度沟通，以保证自己在商业竞争中占据优势。

就目前的商业环境来看，企业要面对互联网的冲击、人们生活习惯的改变、产品同质化竞争激烈的压力。这个时候，企业更需要在海量的数据里找到最有价值的信息，以帮助自己找到消费者购物的趋势，从而有针对性地进行运营。

北京朝阳大悦城作为一个传统企业，十分注重对大数据的管理，并通过它获取了巨大的利益。

为了更准确地分析数据，它在创立之初，就成立了专属的数据团队。该团队在技术人员的帮助下，给商场的许多角落都安置了客流监控设备。

数据团队会根据 Wi-Fi 的登录情况了解用户光顾的次数，然后再根据优惠卡的发放情况，得知哪一款产品最受消费者欢迎。除此之外，北京朝阳大悦城还采取传统的调查问卷方式，以便更加了解消费者的特征。

有了一定量的数据后，数据团队就会将其绘制成报表上交决策者。朝阳大悦城的管理层从中发现，那些驾车前来的顾客是大悦城收入的主要来源，因为车多的时候销售额大多很高，车少时销售额通常很低。为此，大悦城果断改造停车场，力争让更多的驾车用户前来光顾，以拉动销售额大幅度增长。

传统的数据分析方式大多注重那些死的数据，如产品价格、销售额、成本等。这些信息对指导企业操作有一定的滞后性，因为它们总是随着市场大环境的变化而变化，如果你总是以它们为参照必然会无所适从。所以企业应该利用大数据去发现商业趋势，就像人们所说的百川归海，如果你每一条河流都去观察，不仅耗时，而且也不能给自己带来什么实质性的帮助。

朝阳大悦城通过分析报表做出改造停车场的决定，就是对大数据最好的运用。大数据最大的意义不是给你提供一大堆数据，而是让你通过数据找到具有可行性的解决方案。例如，许多文具品商店都会开设在学校附近。这个时候企业没必要知道这些学校师生的具体数字。毫无疑问他们有强大的需求，必然会形成强大的购买力。

综上所述，利用大数据的重中之重是分析，这就要求分析人员有更高的数据挖掘能力，使大数据贯穿整个企业运营的过程之中，并仔细留意营销中的变化，以做到随机应变。

本节小结

市场营销过程中产生的数据量是超乎人们的想象的，面对这些数据，营销人员如何能够有效地分析并加以利用，才是这些数据价值得以体现的最好方式。

5.2.3　基于绩效考核指标的传统分析的缺陷

营销企业必然都会有自己的绩效考核管理系统，这样能够通过对员工的绩效管理来更好地管理企业，激活员工的工作积极性，可以说，合理、有效的绩效考核制度能够帮助企业达成既定目标，同时也可以通过发现的各种问题改进员工和企业的营销模式，在内部增强员工之间的竞争力，而在外部增强企业在同行业中的竞争能力，从而实现双赢的目的。

进行绩效考核就一定有绩效考核指标来作为考核的依据。绩效考核指标实际上是企业为了明确考核目标而对员工和各级工作人员制定的工作业绩的价值所创造的判断依据。绩效考核指标的内容包括员工的工作绩效、品德绩效、工作能力、工作态度等，通过对员工各方面考核的数据信息来判定员工工作的业绩和潜力。

传统的基于绩效考核指标分析的优点不言而喻，对员工具有导向作用、约束作用、凝聚作用、竞争作用。导向作用，顾名思义就是指导员工工作，为员工提供明确的工作目标；约束作用，告诉员工哪些是可以做的，哪些是不应该做的，对员工的日常工作行为等做出明确的约束、规定；凝聚作用，可以促使员工将各种有利资源凝聚在一起来完成工作目标，使所有员工将工作热情凝聚在同一个工作目标上；竞争作用，绩效考核的实施就要求所有员工通过自己的努力完成工作目标，通过员工与员工之间、部门与部门之间、企业与外部企业之间的竞争来实现整个企业的发展目标，从而激发企业员工完成工作任务的斗志。

这里我们着重阐述一下传统的基于绩效考核指标分析的弊端和缺陷，让我们先从一个案例说起。

A 企业是一家成立近 30 年的老牌企业，企业规模比较庞大，拥有 1000 多名员工，驰骋商场多年，已经成为其所在行业领域的知名企业。该企业下还设有若干子公司，分别提供不同的业务。其实，该企业在业界受到好评，一方面是因为其业绩非比寻常，另一方面是因为其管理制度在同行业中比较先进。经历了将近 30 年的风风雨雨，A 企业不断进行制度改革和完善，以适应时代的发展。尤其在企业管理制度上，A 企业更是将其作为企业发展的重点，采取绩效考核制度来提升员工和自身的发展优势。具体考核办法是这样的：对全体员工进行民意测评、品德、能力、考勤、业绩、未来发展计划、努力方向等多方面的考核。每年对员工进行考核后，领导会在年终总结会上进行说明，并且会对考核人员进行人事变迁和工资调动等，除此之外就没有任何下文。

这种做法久而久之遭到了很多员工的非议。因为普通员工的考核都是通过其部门领导来完成的，而其部门内部的考核往往是根据员工的业绩或完成任务的数量与质量来衡量的。这样使得部门内部的员工考核轰轰烈烈，也得到了业绩优良的员工的赞许和支持，对这种考核制度表示满意。但是问题也是存在的，还有很多员工认为部门不同则考核的指标应也有所不同，这种绩效考核没有一定的公平性，因此部分员工表示不服气。

等到了第二年的绩效考核的时候，员工的积极性很明显已经没有第一年的高了。到了第三四年的时候，对于这种绩效考核，很多人更是应付了事，即便是上级交办的任务也都是采取一种不得不做的态度来完成。

从上述案例中，我们不难发现，传统的绩效考核指标不但没有给员工带来更大的进取心，给企业带来竞争力，反而使员工的工作积极性锐减，由此可见，传统的绩效考核指标往往存在一定的缺陷和弊端，如图 5-3 所示。

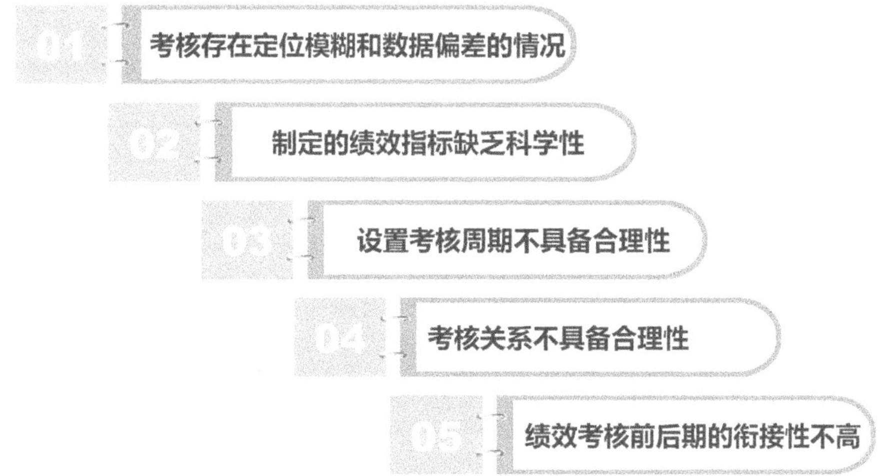

图 5-3　传统的绩效考核指标存在的缺陷

1. 考核存在定位模糊和数据偏差的情况

实际上，考核的定位是进行绩效考核的核心问题。考核定位是指对员工进行考核的内容、目标等。如果考核定位不明确，那么就无法进行真正意义上的考核，而是为了考核而考核。很多企业像 A 企业一样，将考核定位为一种利益分配的形式来激励员工，这样虽然给受益员工带来了一定的利益，但是对于其他员工则会造成一种心理压力，这样的考核定位实在是片面，不具备完整性。完整的绩效考核应当包括获得目标的确定、绩效的产生、绩效的考核等一系列数据信息，其主要目的应该是为了提升企业的绩效。因此，定好位很重要。

2. 制定的绩效指标缺乏科学性

很多情况下，企业在制定绩效指标的时候往往缺乏科学性。像 A 企业就是仅仅将经营指标作为绩效考核的目标，但是考核的结果却极大地降低了员工的积极性，这样的考核显然缺乏科学性，在具体实施的过程中不具备可操作性。

3. 设置考核周期不具备合理性

考核周期顾名思义就是指多长时间进行一次考核。考核周期主要是由考核指标来决定的。如 A 企业是在每年年终的时候对员工的人事调遣和工资分配进行调控，这样也就决定了 A 企业每年进行一次考核，其考核周期为一年。但是，通常情况下，考核周期最好要短，这样做有两方面的好处：一方面，在较短的考核周期内进行考核，可以有效地调动员工的工作积极性和工作热情，而长期的考核周期会使员工随着时间的增长而将考核淡忘，甚至最后只能凭借主观感觉来完成了；另一方面，及时对员工的绩效考核给予信息反馈，有助于员工及时改正缺陷和提高工作进度，一年的时间过长，将会使员工积攒下很多的工作待处理，往往会让员工产生一种巨大的压力或者一种让人无法呼吸的感觉，产生一种无法完成工作任务的消极心理，进而降低工作的积极性。

4. 考核关系不具备合理性

考核关系是指考核者与被考核者之间的关系，一旦确定了由谁考核，考核谁，也就确定了两者之间的关系。A 企业的考核者是各个职能部门的领导人物，被考核者是最基层的员工，这种内部考核的方式其实也存在着一些弊端。在内部进行考核，考核小组可能不会直接获取某些绩效指标，因此仅仅在小组内部进行考核并不具备真实性和全面性。与此同时，考核者也不一定能够获得被考核者的全部数据信息，有时候还得通过其他渠道或者其他方式获得。

5. 绩效考核前后期的衔接性不高

企业在做绩效考核之前要确定工作目标和绩效指标，并做好考核期结束后的反馈工作。A 企业在做完绩效考核以后没有将整个过程中的每个环节很好地联系起来，仅仅采取了一种"没有下文"的方式结束绩效考核，因此使得不少员工对此表示不满。

企业要想做好绩效考核，就必须制定完善的绩效考核指标，只有摒弃以上 5 个缺陷，才能将考核工作做到真正完整、有效，才能为企业的发展带来真正的帮助。

本节小结

绩效考核指标是当前诸多企业使用最为广泛的指标，但是该指标存在的一些缺陷也是企业在考核过程中应当加以充分重视的，切勿盲目跟风，只顾一味地追求绩效考核，而造成不必要的损失和麻烦。必要时，企业还需要对绩效考核加以完善，并且有选择地进行利用，这样才能使企业更加强大。

5.2.4　结合 KPI 和管理理念分析营销状况

企业要想在激烈的市场竞争中站稳脚跟并且取得长足的发展，就必须要学会正确地利用绩效考核和管理理念相结合的方式来搭建模型深入分析自己的营销状况，进而取长补短，不断完善、改进自己的营销模式，最终实现巨额收益。

绩效考核指标是诸多企业在营销过程中所使用的考核方式，绩效考核指标有很多种考核方法，通常分为 BSC、KPI、MBO 等。在大都会公司担任营销副总裁和全球技术与运营部门主管的 Lippert 说过这样一句话："业务管理起源于数据。"对于这个观点，他还做了进一步的重申，强调："指标是我们用于准确描述绩效和质量问题的线性业务指示，这些业绩成果和质量问题将转化为客户体验。"的确如此，一切源于数据的绩效指标最终都是为消费者的消费体验所服务的，这也是当今大数据时代下企业发展的宗旨。

本节将重点介绍结合 KPI 和管理理念来搭建模型分析营销状况。

首先从 KPI 讲起。KPI 的全称实际上是关键绩效指标（Key Performance Indication），是通过对组织内部流程进进出出的关键性参数进行设置、取样、计算、分析得出的，是衡量流程绩效的一种指标，也是量化管理指标。KPI 是企业衡量员工工作绩效表现的量化指标，是绩效计划的重要组成部分，是企业实现绩效管理的基础。

KPI 作为一种实现绩效管理的基础，在运作过程中具有以下一些优点，如图 5-4 所示。

★ **目标明确，对于企业进行营销的战略目标的实现大有裨益。**企业通过 KPI 进行整合和控制，使员工的绩效行为与企业目标正好相一致，这样就减少了偏差，从而保证了企业营销的战略目标尽快实现。

★ **以客户价值理念为导向。**KPI 实际上是为客户实现价值理念而进行企业绩效考核的，这种以客户价值理念为导向的方式实际上能够更好地作用于企业，对企业形成以市场为导向的经营思想有很大的提升。

★ **企业与员工双方的利益达成一致。**KPI 在对员工进行绩效考核的时候，一方面实现了企业的战略目标，另一方面也推动了员工实现个人绩效目标的积极性，从而实现了双赢。

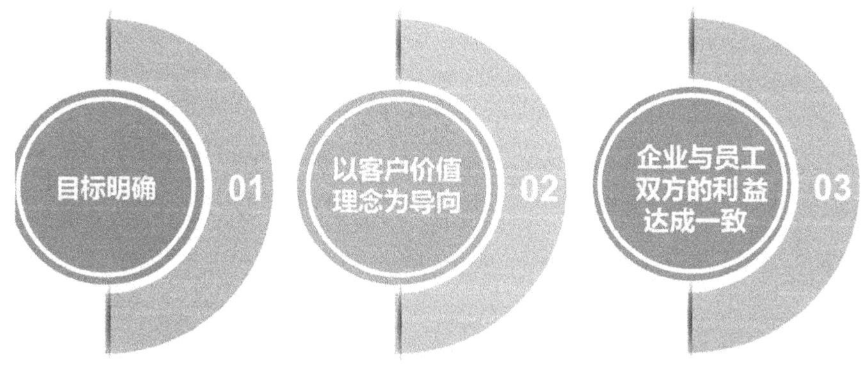

图 5-4　KPI 在运作过程中的优点

那么我们应当如何利用大数据来开发 KPI 呢？首先应当确立指导原则。简单来讲，开发 KPI 的原则可以总结为一个英文单词——SMART，具体内容如下。

★ 简单（Simple），指标的制定应当简单易懂，并能明了地反映业绩。要明白制定的 KPI 是否有明确的定义？是否不经过复杂的计算就可以得出想要的东西？

★ 可衡量（Measurable），还要判断制定的指标是否容易衡量？需要的数据是否能够十分容易地获得？指标是否能够具体全面，并且能够持续计算？它是否具有一定的基准？

★ 可实现（Achievable），指标值是否能够实现？负责的团队是否能够影响指标？

★ 以结果为导向（Results Oriented），指标是否能够体现在所有的行为和结果上？这些行为和结果是否能够与实际业务有紧密的关联？这些指标是否与企业的商业目标相匹配？

★ 及时（Timely），指标应当在一个合理的时间范围内进行。

BEE 公司的助理副总裁 David Sullivan 在其实际的绩效指标中建立了不同类型和职能的基础标准，促进每月对作为关键绩效指标所提取的数据的管理审查，将每本绩效书做成不同的颜色，并且将每本书关联到一个统一的流程中，帮助企业实现了不同层次的绩效考核。绩效指标分为绿皮书、黑皮书、蓝皮书、橙皮书，每本书所涉及的目标有所不同。其中，绿皮书的目标主要是开发财务和非财务指标，以及提供节约计划、职责分配的框架；黑皮书的目标是提供标准月度财务报告模板、提高透明度和促进问责制、提供相关行动的早期预警；蓝皮书的目标是建立一套管理方面的可行指标，包括成交量指标、客户体验或服务质量等，并且促进内部和外部的标杆管理；橙皮书的目标是按照时间计划或预算提供关键项目状态和相关指标，实现对财务以及执行和业务风险的管理审查等。

BEE 公司在创建绩效考核指标的时候确实做到了全方位考虑，借助数据分析从各个角度进行考核，不但加强了企业管理，还降低了企业业务风险，可以说是绩效考核指标应用自如的典范。

然而，光有绩效考核指标还是不够的。接下来讲一下企业的管理理念。管理理念实际上就是一个企业发展的过程中所具备的管理方面的观点和思想。作为一个企业，要想适应激烈的竞争，并在竞争中取胜，就应该创建全新的、符合现代发展的管理理念。

★ **在产品和服务方面**，随着时代的发展，现代企业的管理理念已经与传统的管理理念有着很大的区别，不仅仅要求为客户提供产品和服务，还要结合客户的购买喜好、购买习惯以及其年龄、性别等诸多方面的信息数据，为客户提供个性化定制的产品和服务，力求做到以客户需求为导向。

★ **在营销方面**，将大众化产品个性化，将设计专门化，将个性化产品和服务提供给客户，根据不同的客户提出具有针对性的出售解决方案，从而丰富了客户的价值，实现了以客户价值为中心的理念。

★ **在组织方面**，结合企业内外部的生产经营相关数据资源，借助供应商和客户之间的互动活动来达成合作交易，从而提升了企业在同行业领域中的竞争优势。

★ **在管理方面**，要全面制定出一条路线，能够保证企业拥有一支具备知识、能力并且善于创新的强有力的员工队伍，并且要为员工提供他们需要的有价值的数据资源，以便于快速获知客户需求。此外，企业还应当适当、适时地将原有的资源分配限制稍加放宽，这样可以帮助员工更好地获得数据资源，有益于制定更加合理的营销战略。

将 KPI 和管理理念两者有效地结合起来，二者相辅相成，必将对企业营销产生不可估量的价值。将两者相结合，搭建模型，分析营销状况，实际上是在体现两者优势的基础上，让营销状况的分析更具实际使用价值，这必然能够为企业未来的发展带来强劲的竞争优势。

本节小结

绩效指标的最终目的其实还是为了借助数据，改善结果。很多实际案例表明，使用绩效指标的企业，其业绩往往表现得更好，而那些从未使用或者很少使用绩效指标的企业，其业绩较差。因此，在大数据时代，绩效指标对于企业发展来讲是至关重要的。

5.3　时间序列分析方法

5.3.1　时间序列分析法的 4 个着力点

所谓时间顺序分析法，是基于统计学所产生的一种数据处理方法。它通过研究随机数据，找出其中的规律性，进而解决实际中的问题。它和传统的数据统计法有着明显的区别，传统数据统计法注重数据的独立性，而它却致力于研究数据之间相互依存的关系。例如，数据记录了一支球队上半场的跑动距离和战术，数据分析师根据这些数据就能推断出这支球队下半场的战术和换人策略。

古人说："山雨欲来风满楼。"任何事物的发展都是有延续性的，时间顺序分析法要找的就是这种规律。可是我们不能排除事物的偶然性，这就好比古人在计算闰年闰月的时候，要用平均法来分析以往的数据一样。这样的方法掌握起来并不难，但是精确性不高。通常而言，我们可以预测周期性变化、随机性变化、趋势变化等几种情况，企业可以用它来进行市场潜力变化的研究并指导企业经营管理等。

它分析的着力点主要有 4 个，分别为季节变动、趋势、规律性波动、偶然性波动，如图 5-5 所示。

季节变动（S），也可以称作季节波动，就是寒暑易节，消费者在不同的季节会有不同的消费习惯。例如，人们冬天爱吃火锅，夏天爱吃烧烤。餐饮业的企业就必须关注这种变化。再例如，羽绒服的销量会随着季节的变化出现销售旺季和淡季，然而淡旺季的变化是此消彼长的，随着季节的变化具有周期性。

长期趋势（T）是指在一定时间内，事物不可更改地前进或后退。趋势因素是在事物发展过程中起着主导性、决定性作用的因素，使事物朝着一定的方向发展。它是企业最需要重视的要素，否则企业的所有努力都会付诸东流。

例如，随着世界经济的不断升温、金融危机的不断缓解，全球生产总值将有大幅提高，这就是在世界经济和金融危机这两大因素的诱导下产生的生产总值的发展趋势。

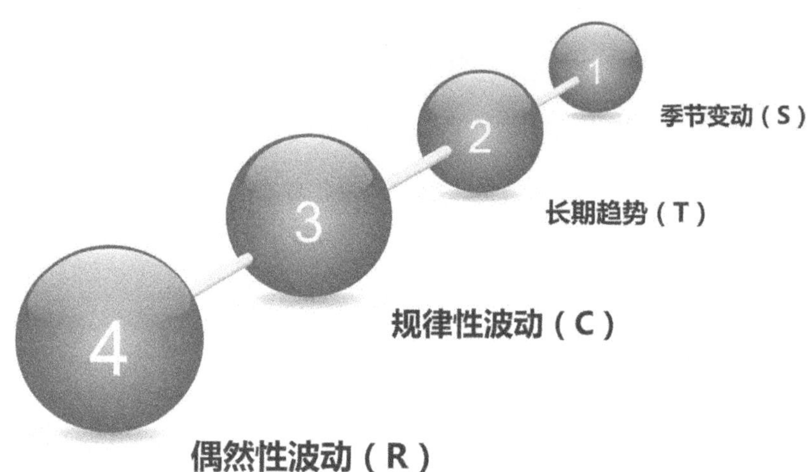

图 5-5　时间序列分析的 4 个着力点

规律性波动（C），也称为循环变动，通常是指正常的产品流通周期，体现的是一种循环性。规律波动并不是像趋势一样一直延续下去的，而是有升有降、有涨有落的交替变动。另外，规律性波动与季节变动也是有一定的区别的，季节变动的周期是固定的，一般在一年以内；而规律性波动却没有固定的规律，周期较长，通常在一年以上，且周期长短不一。举个比较形象的例子，它就像是物理学中的钟摆，钟摆拉得越高，则摆动的时间越长；钟摆拉得越低，则摆动的时间越短，因此其周期长短是受外界因素的影响。

偶然性波动（R），是指在一种突发情况的影响下出现的不规则变动、无规律状态等。例如，如果近期经济危机严重，那么这就影响了经济的发展，影响了企业的产品销量，当一段时间后经济复苏，那么市场经济则逐渐回暖，就恢复了以往的活力。

当然，这 4 个着力点都是可以通过大数据分析来获得的，通过数据分析和建模，从而实现对时间序列变化规律的认识，进而预测或控制系统未来的发展行为。应用时间序列对市场营销情况进行分析，通过充分利用分析结果，可以帮助企业更好地制定营销计划，为企业日后的市场营销带来巨大的利益和价值，创造更多的财富。此外，时间序列分析的这 4 个着力点也可以应用于金融经济、气象水文等领域。

本节小结

企业如果能够充分掌握时间序列分析的这 4 个着力点，就可以在营销过程中做到游刃有余。

5.3.2　时间序列分析的具体方法

前面已经讲到时间序列分析的定义和内容，然而实现时间序列分析的具体方法有哪些呢？本节将对其进行详细的介绍。

时间序列分析的方法主要有两种：一种是描述性时间序列分析；另一种是统计时间序列分析。

1. 描述性时间序列分析

这种分析法称为直接观察分析法，是指通过直观的数据比较或绘图规律，寻找序列中蕴含的发展规律的一种时间序列分析方法。

描述性时间序列分析方法具有简单易操作、直观易预测的特点，因此，人们通常利用描述性时间序列分析方法来作为时间序列分析的第一步。

描述性时间序列分析方法又分为两类：图形描述和增长率分析。以下用两张图来简单说明。

图形描述：德国天文学家施瓦尔发现太阳黑子活动具有 11 年左右的周期，图 5-6 表明，在 1837 年，太阳黑子活跃最为强烈，而从 1820 ~ 1870 年这 50 年间，太阳黑子的最低活跃度则基本保持一致。

增长率分析：图 5-7 中数据显示，京东商城 2007~2014 年几年间的销售增长率整体处于逐步递减的趋势。

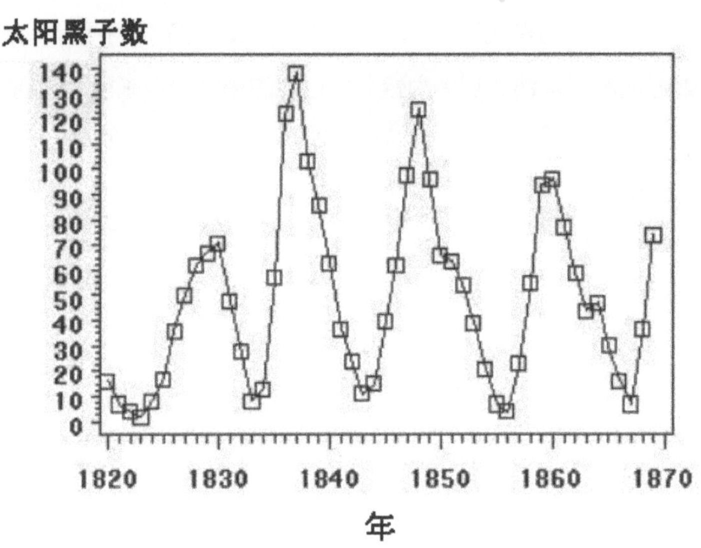

图 5-6　太阳黑子活动图

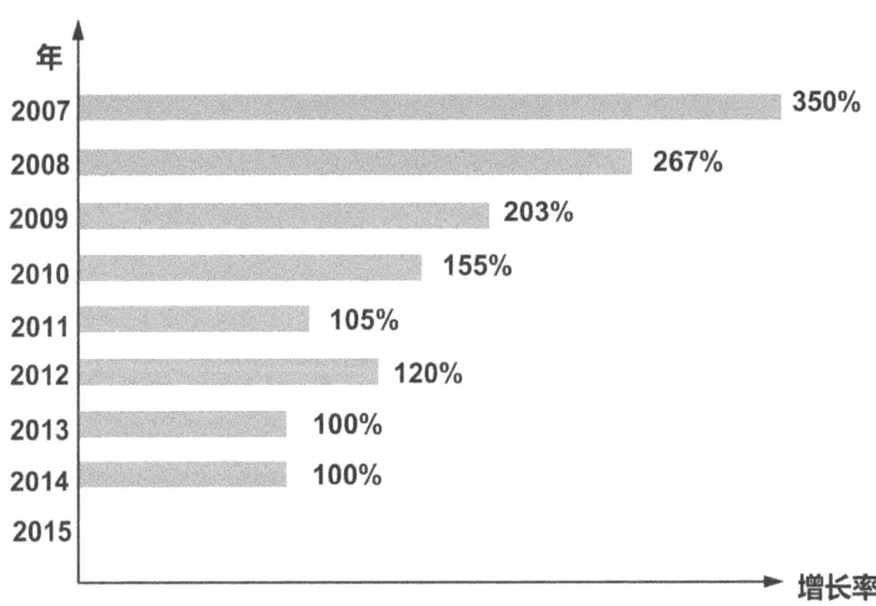

图 5-7　京东商城 2007 ～ 2014 年的销售增长率

2. 统计时间序列分析

统计时间序列分析法，顾名思义就是通过对数据进行统计，分析、预测社会经济现象发展变动数量规律的分析方法。

统计时间序列分析法涵盖了频域分析方法和时域分析方法两种。

频域分析方法是假设任何一种无趋势的时间序列都可以分解成若干不同频率的周期波动。

20 世纪 60 年代就已经引入了最大熵谱估计理论，并进入了现代谱分析阶段。该种分析方法是一种非常有用的动态数据分析方法，但是由于分析方法复杂以及结果抽象，因而在使用和分析的过程中会有一定的局限性。

时域分析方法是指控制系统在一定的输入下，根据输出量的时域表达式，分析系统的稳定性、瞬态、稳态性能。

时域分析方法的特点是理论基础扎实，操作步骤规范，分析结果具有直观性和准确性。

无论采用哪种时间序列分析的方法，都是为了更好地达到人们的目的，即：

（1）描述事务在过去时间的状态并分析其未来发展趋势；

（2）揭示事物发展变化的规律性；

（3）预测事物在未来时间的状态。

这三点恰好是时间序列分析法的目的，也正是企业利用时间序列分析法想要预测自身未来发展趋势的最终目标。因此，结合数据，灵活使用时间序列分析的方法，能够使企业在未来的发展过程中受益匪浅。

举例而言，某城市在 2005 ~ 2014 年，每年参加公园体育锻炼的人口数量排列起来，形成由 10 个数据构成的时间序列。我们需要利用这 10 个历史数据，来估计从 2005 ~ 2014 年，每年的体育锻炼人数是多少，从而帮助企业更加精准地制定一个有关体育健身器材的生产规划，并且帮助企业能够更加完善整个工作计划。不同的时间序列有不同的特征。例如，同一个人在一年中每天体育锻炼的时间基本上是相同的，如果在没有外界干扰的情况下，可以将其 365 个数字排列起来。这样我们就可以发现，它所构成的时间序列总保持在一个水平上，并且上下相差不大。这个数值和具体的锻炼时间无关，只是与锻炼时间的长短有关，通常而言，只有属于平稳过程的时间序列才可以被预测。

本节小结

时间序列分析的方法主要被用来预测未来的发展趋势，通过时间序列分析，企业想要预测未来一段时间内的生产规模和市场情况将不再是难事。

5.3.3 趋势如何分析

如果只是让你看比萨斜塔，你得出的结论一定是它很快就会倒掉。可是它就在那儿倾斜了几百年，依旧安然无恙。科学家说，这和它地基里的土层有关系。

许多事情就是这样，只凭借单一的数据是不能下定论的。这就好比评论家说一篇文章中的某一精彩片段，如果不参照上下文，你是看不出来的。例如，《当你老了》这首诗歌，你很难说哪一句真正精彩，但是整体却感人至深。

企业判断市场发展的趋势也必须有参照的指标，这样才能分清楚数据的优劣。例如，一位企业当年赚了很多钱，你不能用"发展"这个词来形容他的状态，也许他以前挣得更多。也就是说，只有有所比较，才能看出高下。许多企业问，要怎么比才能得到一份客观的数据？相关专家认为应该采用同比和环比两个指标去衡量。

所谓同比，就是利用相同时间里完成后的数据作比对。例如，2016 年 3 月的收入和 2015 年 3 月的收入做对比。环比就是相连两个周期之间的比较。例如，2015 年 2 月和 1 月的收入相比较。它们彼此间是环环相扣的关系，表现一种逐期变化的情况。

两项指标究竟在什么情况下使用，这要看你想使用什么样的时间序列分析法。如果市场的大环境相对稳定，你用同比当然可以。如果市场的环境很不稳定，你用同比是很难预测发展趋势的。例如，去年商品的物价是今年的一半，要是今年你的收入和去年的收入一样，这只能说在退步。所以分析趋势需要一个综合的参数，这样才能得出相对精准的判断。

在北京有一家陕西面馆，在夏季的时候还经营朝鲜冷面。2014 年，该面馆的冷面 8 元一碗，因为价钱便宜，所以吸引了很多的顾客。

2015 年夏天，冷面的价位依旧没有变，但是制作原料的价钱有所上涨。如果利用同比去分析发展的趋势，很显然不太具备参考性。于是店家采用环比的办法，并在比较之后更改了冷面的制作工艺。冷面的汤改为咸口，并在里面加一个鸡蛋，价位升到 10 元。没想到这改进后的冷面销量要比以前好很多，这也为店主指明了发展的方向。

总之，想要准确分析趋势，所要遵守的原则就是具体问题具体分析，千万不可套用某些通用的公式。那样制定出来的营销策略很可能是纸上谈兵。除此之外，企业在收集数据的时候，还应该按照数据价值量的大小做筛选，以求简单高效地分析市场趋势。

本节小结

大数据当前已经成为不少企业宣传营销的卖点，利用大数据的分析方法的确可以预知未来每个人会做出什么样的抉择。在科技飞速发展的今天，存储设备中的数据资源能够快速、精准地帮助企业预测其未来消费者的需求量以及企业自身的发展趋势。

5.4　商业预测技术

5.4.1　商业预测的方法

通常，人们认为预测一件事情的发展方向和结果往往是非常难以做到的。诚然，在这个纷繁复杂的世界，不确定性从来没有消减过。但是，随着科学技术的不断发展，人们对于未来的预测也是可以实现的。大数据营销其中的一个优势就是利用数据对企业未来的发展趋势进行预测，这一点其实就是利用大数据进行商业预测。

那么究竟如何利用大数据进行商业预测呢？

要想进行预测，仅仅考虑未来的发展因素是远远不够的，还应当结合各种背后的推力。很多企业在进行商业预测的时候，并没有考虑到事实背后的原因，因此这也是预测失败的原因之一，但仍然有企业在这方面做得很好。

惠而浦作为一家大型家用电器制造商，在为公司进行商业预测的时候，就会将未来的各种可能销售需求都一一拿出来进行分析，并且还会描述之所以这样进行预测的原因和背后的原因，如与其他企业进行合作推动市场需求、企业外部竞争因素等各方面数据进行参考。惠而浦较其他家电制造商而言，最大的优势就在于其利用大数据来实现产品的创新。在产品的研发阶段，其研发人员每天都会花大把的时间去搜集数据和处理数据，同时他们用两个月的时间跑遍了5个省20个城市，通过走访上百个家庭，调查消费者在洗衣过程中的每一个要求，从而获得市场需求，进而设计出了功能更加强大、操作更加简便、设计更加潮流、更能够满足广大消费者需求的洗衣机。惠而浦的产品还专门设计了一个"6th sense"的按钮，当然，这个按钮并不是惠而浦的研发人员头脑一热想出来的，而是经过对惠而浦100多年来的用户数据进行分析而设计出来的。

惠而浦利用大数据来进行商业预测是一个非常典型的案例，但是惠而浦并不是在这方面独一无二的代表，还有很多企业也充分看到了大数据在商业预测中的应用所带来的巨大商业价值，而在这方面同样成为先驱。事实上，在进行商业预测的时候，对于背后原因进行分析是提高商业预测准确率的最为有效的方法。

例如，商业周期是企业进行商业活动时经常遇到的一个问题，是经济运行中周期性出现经济扩张和经济紧缩的交替、更迭的一种现象。对家电行业而言，商业周期是影响家电行业需求的驱动力，但是影响商业周期长短的背后因素还有很多，包括失业率、消费者信心等相关数据信息，都会严重影响家电销量。因此，人们如果没有全面了解背后的各种驱动因素，就无法对企业在家电市场领域的发展趋势做出准确的商业预测。

在这样的基础上进行商业预测才能达到精准预测的目的，一般而言，具体的预测方法有以下两种。

★ **需求预测法**：即基于未来新增人口需求进行预测。

对未来新增人口在浏览器上的浏览记录信息进行收集，并将其集中到数据库中，对这些庞大的数据进行分析，洞察其消费需求，便于企业进行商业预测分析。

★ **商业饱和度预测法**：即基于现有商业经营状况，通过商圈饱和度指数对商务体量进行预测。

对整个市场中同行业、同类商品的市场投放等数据信息进行收集，分析该商品在市场同行业领域是否达到饱和，从而进行商业预测分析。

在2012年的时候，众多互联网、移动互联网的应用开始蓬勃发展，当时各个业务都不成熟；同时，大数据才刚刚开始出现在人们的视野中，人们对于数据的认识处于稀疏和冷启动状态。商业中偶尔会有人借助大数据帮助企业发展，但是他们并没有真正明白大数据究竟是用来干什么的。如今，人们对大数据的认识已经非常深刻和深入，对于初创企业来讲，大数据带来的益处是创业者绝对想象不到的。创业者和初创企业可以利用行业生命周期图来判断当前某一产品的生命周期处于何种阶段，是处于引入期还是成长期，抑或是成熟期或衰退期，从而判断该产品是否已经在市场中达到饱和，进而帮助这些初创企业确定自己的发展方向，如图5-8所示。这对于初创企业和众多创业者而言，具有极其重要的指导意义。

企业进行商业预测，可以在很大程度上了解自己和同行业竞争对手的真实情况，并有助于企业实现精准的商业预测，指导企业制定更加优质的销售策略，从而进一步降低成本、提高销售业绩，达到预期的营销目标。

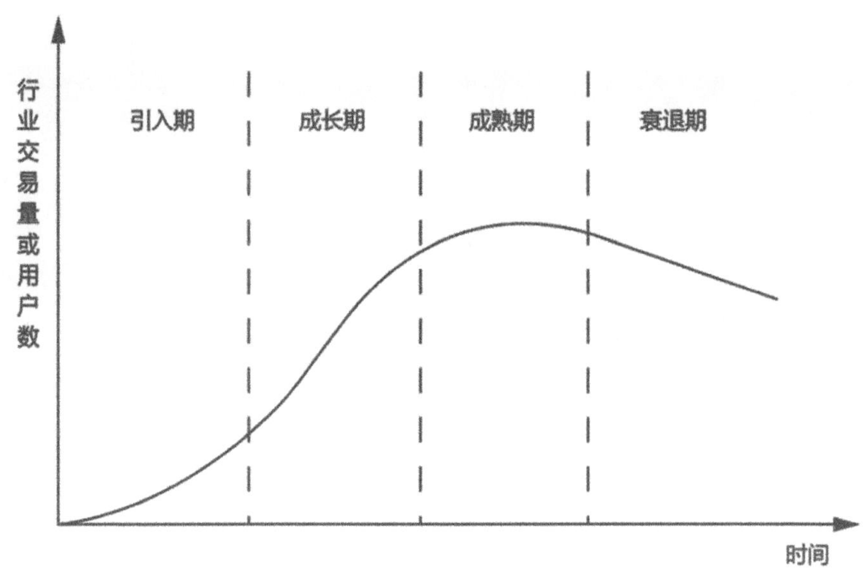

图 5-8　行业生命周期图

本节小结

商业预测的关键就是利用信息和数据判断当前的市场情况，从而制定计划并落实商业行动，达到适销对路的目的。合理利用商业预测技术是每个企业需要掌握的技能。

5.4.2　商业预测的基本流程

商业预测对于企业未来的发展具有重要的指导意义，因此掌握正确的商业预测的基本流程对于企业进行精准营销十分重要。

商业预测的基本流程具体如图 5-9 所示。

1. 确定预测目标

无论开展任何工作，明确目的是极为首要的第一步，进行商业预测也是如此。预测的目的不同，决定了预测内容、预测项目、预测所需资料以及使用的方法各有不同。因此，明确预测目标，即明确企业进行商业活动过程中所遇到的问题，有利于企业制定有针对性的预测计划，保证后续的预测工作有序进行。

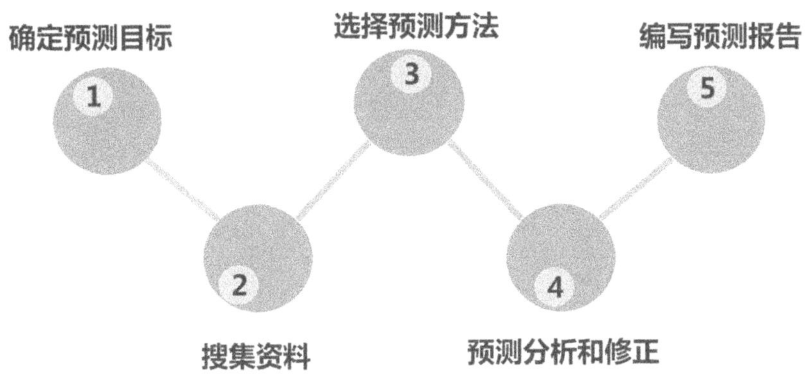

图 5-9　　商业预测的基本流程

2. 搜集资料

确定好预测目标之后，接下来要做的就是搜集相关资料，拥有充分的资料可以帮助企业更加快速、高效地对市场的销售情况做出分析和判断。

3. 选择预测方法

即根据预测目标选择与其相匹配的预测方法。我们有时候可以单独使用一种方法进行预测，有时候也可以结合多种预测方法同时对同一目标进行预测。预测方法的选择是否恰当，直接影响到预测结果的精准程度和可靠程度。运用预测方法的真实目的实际上是为了建立精准的诸如客户、产品、服务等方面的描述，并对研究对象的特征和变化规律建立模型，然后根据这些描述和所建立的模型进行分析、计算，最终得出预测结果。

4. 预测分析和修正

之所以进行预测分析，主要的目的就是要通过调查搜集的资料，通过判断、推理等方法，使感性认识上升为理性认识，从事物的表象发现其内在本质，从而预测未来市场的的波动趋势。通常，我们在分析评判的基础上还需要根据最新信息对原预测结果进行评估和修正，从而让预测结果趋于精准化。

5. 编写预测报告

所有准备工作都完成之后，接下来需要做的就是编写预测报告。所谓"差之毫厘，谬以千里"，因此我们在编写预测报告的时候，一定要遵从之前准备工作中所获得的有效的数据信息，尽量减少偏差，让报告内容更具精准性。

以生物制药企业为例。传统的药品开发往往是先研发药物，再进行临床检验，而不是按照客户驱动而进行的。这样，传统的药品开发往往需要几个月甚至长达一两年的研究，这样不但没有跟上客户需求的变化，也耽误了最佳的治疗时间。因此，将药物生产与客户需求相结合就成为一个研究的挑战。但是，在大数据时代，这些问题将得到很好的解决。当前，我们虽然可能没有办法按照客户期望的方向去修改某种新的糖尿病药品，但是我们可以比较不同糖尿病治疗方案的优缺点，了解对病人来说什么才是最重要的。以治疗癌症的药物为例，其是否能够研制成功，对于药物研究学家而言，统计一年里病人复发痛楚的降低程度就是一个比较重要的指标；但是对于癌症患者而言，让其摆脱病魔的恶爪、获得新生，才是他们最想要的。因此，可以说没有正确的用户价值需求，就无法真正衡量用户关心的东西。通常，用户价值被归纳为功效、安全性、费用等几方面。通过收集用户价值需求，我们可以十分明确地得知自己产品的研发应当朝着哪个方向进行，可以更好地修正当前药品的不足之处，分析新研发的药品能否替代其他药品而被用户接受和认可。

总之，在进行商业预测的过程中，如果企业能够严格遵照以上流程中提到的关键要点，那么所得出的商业预测结果必定更加精准，这对于企业改进和完善营销策略大有裨益。

本节小结

以客户为驱动的商业预测是实现企业预测其产品在市场上的实力和潜力的最佳方法，通过这样的方法可以洞察企业当前产品的发展趋势，也可以预测未来的市场潜力是否巨大，在维系企业生存和夯实企业发展的过程上起到的作用是不可估量的。

5.5　大数据挖掘与用户细分的背后

5.5.1　大数据挖掘的意义

如今年轻人创业有两种趋势，一是到一线城市摸爬滚打；二是找一个二线或三线的城市，挖掘自己能驾驭的市场。究竟哪一种方法对，没有定论，关键要看最后是否能实现目标。我们就把那些中小企业比作在二线和三线城市发展的青年吧，它们拥有的数据量必然不如一线城市，可是竞争对手相对较少，如果它们能通过大数据深挖到一定量的潜在客户，很有可能富甲一方，然后它们再带着这种经验入驻一线城市，前途不可估量。

此外，有个成语叫大而无当，也就是说大不一定就有用。企业所要追求的大不是看占有数据的多少，而是要看实际取得效果的好坏。相反，企业有些正确决策的制定，只要有小规模的数据就足够了。例如，哈尔滨啤酒赞助世界杯，厂家只需知道全世界有很多愿意喝啤酒的球迷就可以开始运营了。下面我们就来看一看一些企业是如何抓住足球比赛的机会赚钱的。

说起足球，大家的第一反应就是世界杯。这是一个全球同庆的体育赛事，许多人都会参与其中。在比赛期间，观众不仅能看到精彩的比赛，还能领略当地的风俗人情。

相信大家都不会忘记南非世界杯。那次世界杯是伴随着南非的特色喇叭呜呜祖拉而结束的。赞助商可口可乐公司为球迷定制了 20 万只呜呜祖拉。荷兰的赞助商把呜呜祖拉的声音制作成手机铃声，风靡了整个欧洲。可是有些国家的足球队员憎恨这种乐器，因为它会让人心烦意乱。此外，由呜呜祖拉制造的噪声也严重影响了当地工作人员的休息。

在南非经商的赵玲进口了一批优质的耳塞，先在赛场内外出售，很快就销售一空。于是她又把这种耳机推广到矿区，也受到了当地人的欢迎。

赵玲受到这次成功销售的启发，马上通过大数据分析消费者对产品款式的需求，发现大多数人都希望这个耳塞带上去给人的感觉是轻松自然的，于是她把耳塞改造成遮阳帽，这个一举两得的设计马上风靡了非洲，赵玲因此获得了更多的消费者。

喜欢热闹的人把呜呜祖拉当成娱乐的玩具，喜欢安静的人却把它当成巨大的干扰。营销学上讲究痛点思维，人们免除干扰的愿望和渴求快乐的愿望一样强烈，这个时候要是企业能满足他们这方面的需求，产品怎么可能不热卖？

可是人们的需求是不断变化和提高的。上面的例子中喜欢安静的人最初得到一个耳塞就很欣喜了，可是他们慢慢开始注重耳塞的样式了。这就好比人们最开始看无声的黑白电影，后来希望电影有声音，于是电影有了声音，可是又过了一段时间，人们又希望电影有颜色了，于是彩色电影出现了，现在人们连彩色电影也难以满足了，他们要看 3D 立体电影。

企业要是想抓住用户需求的发展趋势，就一定要深挖大数据，然后根据自身的实力去生产相应的产品，这样才能牢牢地把控市场。

本节小结

大数据的出现推动了商业革命的暗涌，只有学会使用大数据创造巨大的商业价值，才能辅助企业朝着光明的前途发展，否则就会被大数据驱动的新生代商业格局所淘汰。然而使用大数据创造巨大商业价值，其关键前提就是明白数据挖掘在整个数据应用过程中的意义，这是每个企业必备的知识。

5.5.2　挖掘数据，对客户需求进行快速响应

著名歌手张惠妹有首歌叫《后知后觉》，其中有一句是"你不告而别，我才

后知后觉"，这种敏感度对一般人来说只是遗憾，但是对于企业来说，就是致命的打击，尤其是在产品快速迭代的今天，企业很可能在短时间内就被淘汰。

这就要求企业快速而准确地了解客户需求，然后及时地给他提供相应的产品。关于如何挖掘客户以上章节已经介绍了很多了，我们现在就从对客户快速响应上来分析问题。

许多人看过甄子丹主演的《精武门》，里面的日本空手道高手要和陈真比武，有一个日本武士认为陈真必胜，因为迷踪拳的全速是空手道的3倍。如此快的速度，对手当然是防不胜防了，再加之可准确出击，更是杀伤力巨大，可以快速击倒对手。

如今许多在互联网上经营的企业都有这样的意识，当下是快鱼吃慢鱼的时代，哪怕是大鱼也必须提快速度，否则将无鱼可吃。例如，在线教育在今天已经成为人们学习的一种主要方式，早些年新东方教育集团却没有对它加以重视，以至于没能在这个市场上占有先机。

如果没有占有先机，企业就要从产品质量和营销技巧上着力才能弥补劣势，但是此时还要面对产品过时的巨大考验，可谓事倍功半。所以企业必须按照客户的反馈意见做出最快的调整，当然在短时间内，任何企业都很难满足用户的所有要求，但是企业可以先满足用户最基本的需要，然后再不断地增加新功能。也就是说，你要先开发一个领域内的用户，然后再在这个基础上深入挖掘用户的数据，从而为他提供最好的购物体验。下面我们来看看 Zynga 的运营策略。

Zynga 是来自欧美的社交游戏企业，它跟传统的欧美游戏企业有完全不同的经营理念，那就是不力求产品完美，而是进行产品的快速迭代。

它对产品的开发、营销、售后服务的首要要求就是快速，也就是说产品要在第一时间投入市场，力求快速获得既得利益。为了这个目标，他们把游戏的各个系统模块化，然后在运营的过程中通过排列组合或替换完成产品的升级和更新。

对于那些有市场前景的游戏，它会果断上线一批产品，以获取那些潜在的用户，然后通过用户的反馈来不断完善产品。

为了提高产品生产的速度，它会快速跟随那些畅销的产品，而把自己的产品淘汰。这种果敢让它打败了许多瞻前顾后的对手。

Zynga 是实现快速响应客户需求的典型案例，并且 Zynga 成功做到了这一点。那么究竟如何才能够借助大数据实现消费者需求的快速响应呢？如图 5-10 所示。

图 5-10　借助大数据实现消费者需求的快速响应

1. 对客户需求进行密切跟踪

实际上，所谓快速响应消费者需求，实际上最大的挑战就是对客户需求进行跟踪，因为通过对客户需求进行跟踪所获得的数据信息是实现快速响应的前提和基础，一切响应内容和方案或者产品都围绕客户需求进行。

2. 对客户的需求进行全面分析

客户需求信息收集完毕后，并不是可以直接拿来就用，有些需求是非常具有价值的信息，有的信息之间则可能存在相同性、类似性，但也不排除不太合理的非主流需求，这时候就要求对这些客户需求的数据进行全面分析、归类和整合，让这些数据信息更加清晰明了。

3. 与其他平台的客户需求数据进行交互共享

众人拾柴火焰高，很多时候，多个帮手多份力量。因此，在快速响应客户需求的过程中也应当遵循这个道理。与其他平台的客户需求进行交互共享，不但避免了数据孤岛的出现，而且还扩大了自身的思维，提升了思维活跃度，为接下来的产品研发提供更多的客户需求信息，其实这里有些集思广益的意思。

4. 根据客户需求进行产品研发

欲先攻其事，必先利其器，等到所有准备工作都完毕之后，我们就可以结合更加有价值的客户需求数据进行产品的研发工作。

5. 快速完成产品研发的审批工作

通常情况下，一个产品从进行客户需求调查到最后审批完成投入市场，往往需要耗费大量的时间，其实这样并不利于产品的后续营销。因为客户需求会随着时间、认知能力等的推移和变化而有所改变，如果产品从客户需求调查到产品上市销售时间太长，并没有达到快速响应客户需求的目的，则会使得营销效果大打折扣。因此，我们一定要改变传统审批的路径，不经过层层审批，而是直接由研发人员集体投票通过。

中兴通讯在实现对客户需求快速响应的过程中，同样也是研发人员自己出去面向全市场中的客户需求直接进行跟踪、调查，在产品事业部中成立产品经营团队，并且打破了原有的产品线，即决策是否按照设计研发的功能、外观等进行生产。以前是按照流程一步步进行审批，当有了市场需求，先反馈到营销再到公司。而现在，产品线直接省去了 CEO 的审批环节，只要按照判断就可以进行审批。这样做，决策就进行了前移，的确在很大程度上提升了响应速度。

因此，针对当前市场大环境错综复杂的特点，企业想要快速响应客户需求，需要做的是敏锐地看到市场发展的大趋势，然后果断地投入其中，之后再在前进的过程中不断尝试，并通过大数据检验自身成果，这样才能跟上时代的节拍。

本节小结

有人说，再好的创意如果没能快速去执行也不能赢利，这其实和快

> 速响应客户需求是同一个道理。唯有如此，产品才能受到用户的欢迎，为企业带来可观的销售额。

5.5.3　用数据推断情景实现差异化营销

统观今天那些优秀的企业，它们都很注重数据分析。一些经济学家分析了其中的原因，就是传统的创意性经营理念在消费者个性化的今天已经行不通了，企业需要用大数据来推测消费者的喜好，从而完成差异化营销。

差异化营销的最终目的是什么？那就是要提高用户对自己产品的忠诚度，而不是单纯地看产品的销售额。例如，蒙牛乳业、平安保险的规模已经做得很大了，可是用户对它们的忠诚度并不高。这个时候如果有资金更雄厚的企业和它们进行价格战，它们很容易落败，所以利用大数据做驱动要细致到每一个环节，才能保证企业的长久发展。

近些年，我国许多家公司建立了属于自己的数据库，及时处理由手机、计算机所产生的数据，并从中得到了巨大的好处。一些经济学家预测，以后企业的成败将取决于它对消费者的了解和定位。

可在营销的过程中，以往的社会经济学、人口统计学、消费心理学等依旧是数据营销的支撑学科，只是不断发展的科技给企业提供了更好的依据而已。我们可以通过观察用户的消费金额来推断他的收入情况，还可以根据他经常购买的产品来分析他的喜好。当你了解了这些后，你才能找到吸引顾客的着力点，并想办法和他们维系关系。

众所周知，市场是顾客信息的主要来源。如果我们有相应的数据，就能推断顾客当时消费的情景。这个情景是数据营销最可靠的参数，因为你知道顾客在什么情况下愿意消费，这才是经商的根本，而销售额会随着物价的上涨和下跌而变动，计算起来反而烦琐和不精确。

《纸牌屋》是美国热播的电视剧，可它却不是来自影视公司的作品，而是

来自一家信息科技公司。该公司有一个庞大的数据库，企业每天可以在上面收集几千万用户的数据信息。他们通过这些信息发现英国老版的电视剧《纸牌屋》有极高的收视率，于是该公司就决定翻拍这部电视剧。

电视剧拍完以后，该公司开始研究投放模式。通过大数据，他们发现人们不愿意在黄金时段等着看电视剧，而是喜欢通过网络，把喜欢的电视剧一次性看过瘾。于是该公司一口气投放 13 集电视剧。在产品宣传方面，主演凯文为他们吸引了很多粉丝，因为在美国有很多喜欢凯文的影迷。在诸多因素的综合作用下，最终有了《纸牌屋》的票房大卖。

显然，该公司就是在大数据的帮助下，通过差异化营销而取得了巨大的收益。当下许多企业也都是通过看消费者的数据来进行生产的。尤其在影视行业中，作品的收视率是最能反映市场行情的东西。例如，前几年选秀很热，于是很多电视台都主办选秀节目，一些企业通过赞助来进行自我宣传，实现了差异化营销，实现了自身和电视台的双赢。

那么如何利用大数据实现差异化营销呢？如图 5-11 所示。

图 5-11　从 4 个方面入手实现差异化营销

1. 产品差异化

所谓产品差异化实际上是从产品的性能、特征、功效、外观设计、安全性等诸多方面实现与其他同类产品的不同。只有这样才能使产品在质量上、性能上比竞争对手更有优势，从而形成个性化的产品市场，能够为广大的消费者提供更多独特的产品，实现差异化策略追求的目标。在大数据时代，实现产品差异化已经不再是难事。

首先，收集消费者产品需求数据。 产品差异化自然要从产品着手做起，实现产品差异化的基础就是能够满足消费者的各种需求，然而关键的一步就是先将消费者产品需求作为切入点，因此，最重要的就是通过问卷调查、走访，或者通过搜索引擎、社交网站等尽可能多地收集有关消费者产品需求的数据信息。

其次，对消费者进行细分。 收集回来的大量数据信息是繁杂的，因此就需要对这些数据进行分析、整理、分类，从而对不同产品需求的消费者进行细分，以便于后期为其提供有针对性的产品。

再次，根据不同消费者的不同需求研发差异化产品。 当明确了产品差异化应从哪些方面着手时，就可以根据不同的消费者需求数据来研发差异化产品，实现产品性能差异化、质量差异化、外观设计差异化等，并且将生产出来的产品与消费者需求数据进行比对，如发现偏差，应当及时完善和改进。

最后，将差异化产品投放市场。 根据消费者细分为其提供针对性产品，让其产品体验的满意度达到最大化，真正实现产品的差异化。

福特汽车公司就是从产品的差异化入手，在其旗下有相机推出了著名的品牌：福特、沃尔沃、林肯、捷豹、路虎等产品，以此来满足消费者对汽车的需求。

可口可乐也是如此。可口可乐公司不仅仅向市场提供统一的瓶装可乐，除了继续保留原有的可乐碳酸饮料之外，还相继推出了汽水、果汁等产品；在传统可乐的基础上推出的低糖饮料——健怡可乐，深受广大消费者的喜爱；另外还有汽水饮料——芬达和儿童果汁饮料——酷儿，都非常成功。显然，福特公司和可口可乐公司利用产品的差异化实现了差异化营销，取得了市场竞争地位，这是其他同行企业所望尘莫及的。

2. 服务差异化

如今，产品已经不再是人们消费的关键点，服务也逐渐成为了消费的内容，很多消费者开始注重消费服务的体验。尤其是网店，不仅仅销售产品，更重要的是销售服务。总之，让消费者感受到企业所提供的服务与别的企业有很大的区别，也是实现差异化营销的重点。

首先，收集消费者服务需求的数据。消费者对产品提出不同需求的同时，必然也会对自己所关注的服务有所要求，因此要收集消费者服务需求的数据，以此作为实现服务差异化的依据。

其次，自我创新服务。除了满足消费者的服务需求以外，企业还需要发挥自己的聪明才智，推出更具创意性的服务。

最后，在售前、售中、售后为消费者提供与别的企业不一样的服务。营销是一个全程跟进的过程，在整个过程中的每个环节都要为消费者提供更加贴切的服务，包括售前、售中、售后，每一个环节都不能忽略，通过不一样的服务体验来赢得消费者的心，不失为一种实现差异化营销的好方法。

美国知名公司 IBM 对计算机行业中产品的技术性能大体相同的情况进行了细致的分析，发现服务是用户的急需品，所以就将企业的经营理念定义为"IBM 意味着服务"。

我国海尔集团一向以"为顾客提供尽善尽美的服务"作为集团经营的主要信条，另外，海尔还推崇"通过努力尽量使用户的烦恼趋于零""用户永远是对的""星级服务思想""优质的服务是公司持续发展的基础""交付优质的服务能够为公司带来更多的销售"等服务观念，真正地把用户放在了"上帝"的位置上，使用户在使用海尔产品时得到了全方位的满足。这样海尔品牌必然赢得消费者的心，其销量也会越来越好。

3. 形象差异化

形象差异化主要是指企业通过对形象的重新塑造，来获取竞争优势。塑造企业形象应当从企业名称、标识的色彩、标语，以及企业环境、组织活动等方面入手，通过加强品牌意识、借助媒体宣传等来提升企业在消费者心中的形象，从而使消费者对企业形象产生好感，一旦有产品需求，第一时间想到你。

知己知彼，百战不殆，企业要想塑造不一样的企业形象，就必须从竞争对手出发，搜集竞争对手的企业形象数据，从而发现其形象标新立异的地方，然后再下功夫进行自身形象塑造的创新，达到形象差异化的目的。

我国在形象差异化上下过功夫的企业有农夫山泉。只要我们善于观察，就会发现农夫山泉为了突出自己纯天然的形象，在红色的瓶标上，除了商品名称之外，还印上了一张千岛湖的风景照片，这无形中彰显了其水是来自千岛湖的纯净的特色。农夫山泉为了表现公司形象差异化，在 2001 年推出了"一分钱"活动来支持北京申奥；2002 年推出"阳光工程"支持贫困地区的基础体育教育。通过这样的公益活动，农夫山泉利用了形象的差异化，所获得的不仅仅是自己形象的提升，更重要的是提升了品牌价值和销量，让人在脑海里深深地记住了"农夫山泉"这个名字。

4. 市场差异化

市场差异化就是从销售条件、销售环境出发，考虑影响销售的差异化因素。市场差异化包括价格的差异化、分销渠道的差异化等。市场差异化可以让消费者明确本企业产品的价格、销售渠道与其他企业的不同之处，从而让消费者产生差异化心理。在激烈的市场角逐中，市场差异化是企业实现差异化营销的制胜法宝，没有差异化的市场营销方式很难赢得销售市场。

那么，我们应该怎么做呢？海量收集同行业中其他竞争企业的同类产品价格数据、分销渠道数据，再结合自身情况，在不影响赢利情况下，开发出能够让消费者满意的产品价格和分销渠道，最终实现市场的差异化，实现差异化营销。

总之，利用大数据去驱动营销就能解决闭门造车的问题，进而让产品更加符合大众的需要。此外，大数据还能明确指出人们的消费习惯，企业以此为参考才能提高用户的忠诚度。

本节小结

如今，差异化营销已经成为企业赢得消费者的非常重要的方法，同时它也是打败竞争对手的有力武器，这种差异化优势帮助企业在市场中稳固了市场地位，因此，企业实现差异化营销尤为重要。

5.5.4　通过数据挖掘实现客户细分的 3 个维度

市场的环境越复杂，企业越要明白万变不离其宗的道理。这里所指的就是以客户为导向。许多企业的运营都是围绕新老客户而展开的，例如，一对一营销、差异化营销等。要是想让这些营销方式发挥出巨大作用，就必须通过大数据对客户进行细分，这样才能检验出自己营销的作用。

以往许多企业都是按照一维性来划分客户的。如银行根据客户存款的多少，将客户分为 VIP 和一般用户。该方法在用户需求很少时具备简单高效的特点，可是在今天，随着信息的多元化以及客户需求的多样化，这样划分客户的方法已经不能够帮助企业解决复杂的问题了。

我们经常能发现这样的现象，使用同一产品的两个高端客户会给产品做出很不一样的评价。例如，两个打去皱针的中年妇女；一个认为最后的效果是眼部膨胀，不够自然；另一个则认为很好，这样看上去十分年轻。面对这样的情况，企业如果用一维性去区分客户是完全不行的。这个时候，企业就需要一些更精细的数据帮助自己找出用户的特征。

　　国内外的许多经济学家都认为从时间、价值、需求 3 个维度来进行客户细分，能够给企业提供一份相对客观的参考数据，如图 5-12 所示。

图 5-12　实现客户细分的 3 个维度

1. 从时间维度对客户进行细分

　　时间维度包括客户购买的时间间隔、购买频率、客户生命周期等各方面的因素，自重、时间点是关键因素，如果企业能够抓住时间点，对于进行客户细分来讲就会容易许多。具体操作方法我们以具体案例的形式来说明。

　　以保险公司为例。保险公司一般会将客户的生命周期分为 4 个阶段，根据所表现出来的特征，简单有效地对客户进行细分。考察期是保险公司与客户关系的探索和实验阶段，在这个阶段，保险公司会观察客户将来能够对保险公司贡献多少价值，将处于该阶段的客户划入考察期。

　　形成期是保险公司和客户之间关系快速发展的阶段，双方愿意承担一定的风险，并且交易额不断增加，保险公司开始赢利，所以同理将具有该阶段特征的客户划入形成期。

　　随着时间的推移，客户逐渐进入了稳定期，该时期是双方关系发展的最高阶段，并且双方之间的满意度较高，有大量的投入以及交易。

进入退化期，双方之间的关系水平出现回转，这时候，双方之间的关系或多或少地会因为需求的变化而出现一些变化，从而使得双方之间的交易量下降，于是双方开始寻找新的合作对象。

2. 从价值维度对客户进行细分

当前，根据客户价值进行排序，并且有针对性地为其制定相应的商业开发和服务计划，这就是根据价值维度对客户进行细分的模式。如今，这种模式已经在众多企业中被广泛使用。依据价值维度对客户进行细分，主要包括 3 个步骤：探索、评估、布局。这 3 个步骤对于任何企业都适用，不分企业规模大小、企业能力大小。

从价值维度来细分客户，其实是建立在数据之上的。我们通常所讲的终生价值实际上只限于客户在本企业的综合购买数量，而价值细分还将注意力放在客户在与自身企业相类似的其他企业购买产品和服务的所有交易上。

这里我们详细介绍一下价值维度细分客户的 3 个步骤。

（1）探索——细分市场

企业在探索阶段，应当使用市场数据库进行市场细分，并且对这些市场做出相应的准确的描述，这种思想已经超越了根据用户购买产品的数量以及所消费的金额大小进行的客户划分。当然，我们也可以将细分市场深入到个人消费者这一层面，因为有的企业本来规模就比较小，因此从个人消费者这一层面进行细分，相比较而言更加容易。

（2）评估——客户排序

所谓评估就是利用客户档案，对企业当前的客户和现在目标客户进行判断分析，从而发现哪些客户是有价值的客户。另外，我们也可以通过对客户的历史购买数据进行分析，并且与当前拥有的客户数据进行对比，从而判断哪些客户是增长型客户，哪些客户是衰退型客户。

●●●

举一个简单的例子。假如你所经营的是一个项目管理软件公司，那么你就必须要知道哪些客户对于你来说是价值客户。有了明确的价值客户群，你就可以进行有针对性的销售，同时可以在公司数据库中的销售信息中，找出过去一年采购量前10%的客户，之后根据不同的属性对客户进行排序。假如你最终发现，这一年来只有桥梁建筑公司的交易量是不断增长的，那么只有桥梁建筑公司是企业最具价值的客户。基于这一点，你会将铁路建筑工程师作为同类团体，因为他们和桥梁建筑公司一样，也很有可能会成为最具潜在价值的客户。

（3）布局——增加订单

布局的最终目的其实还是为了增加订单，增加产品销量。对企业进行布局，关键还得基于对客户信息的不断收集和理解，例如，现有客户与潜在客户的状况如何、企业目标是否明确等。另外，布局也可以利用图形来描绘，这样，企业和客户之间的关系包括结识、熟悉、发展的所有过程就可以一目了然了。通过布局，企业可以实现对客户的实时追踪和比较。这里的比较不仅仅包括客户在该企业的购买数量和金额，更重要的是能够精准地比较出该客户在该企业的产品和服务的支出占购买其他类似产品和服务的全部预算额的百分比。这样，企业就可以从客户身上最大限度地获取有价值的信息。

3. 从利益维度对客户进行细分

从利益维度对客户进行细分，与传统的细分方式有一定的区别。从利益维度进行细分的优势，在于通过客户表象的行为、态度以及动机来挖掘背后的真正利益。采用利益维度对客户进行细分，不仅在维度内涵上具有一定的弹性，而且细分的技术也是相当丰富的。我们常用的方法有拟合分析、因素分析、聚类分析等。

（1）拟合分析

所谓拟合分析其实就是在大量的客户群中，通过对这些客户数据进行分析，识别出具有相同或相似爱好的目标客户群，从而实现客户的细分。

（2）因素分析

通过对原始数据指标体系的内部结构和相关性进行研究，借助统计技术将初始指标转化为等价信息的新数据指标，并通过这些数据指标来发现客户之间的利益特征，根据相同或者相似利益特征对客户群进行细分。

需要注意的是，因素分析最重要的就是选择的因素会真正地蕴含影响客户利益的变量，而变量也可能完全地、适当地表达这些因素，这也就意味着，初始影响客户利益的变量的数量和幅度应当尽可能地具有包容性。

（3）聚类分析

聚类分析是利用一个独立的影响客户利益变量的矩阵，把具有同种心智或者类似兴致的客户归到一类中去，把那些性质差异性较大的客户归为另一类，最终使得同类或相似的客户利益之间具有较高的同质性，不同类中的客户利益具有较大的差异性。

总之，利用大数据时，时间、价值、利益三方面缺一不可。价值和利益是前提，时间是推动企业发展的要素。企业只有同时注重这 3 个维度才能很好地实现客户细分，才能在竞争中无往不利。

本节小结

客户细分是当前大数据时代企业非常注重的营销必备前提，掌握客户细分后各个类别中客户的需求特征，从而"对症下药"，让客户对产品和服务满意，就不再是难事。

5.5.5　客户细分与精准营销

飘柔：洗护二合一，让头发飘逸柔顺；海飞丝：头屑去无踪，秀发更出众；沙宣：美发沙龙，我们的光彩来自你的风采；潘婷：拥有健康，自然亮泽……

从这些洗发水广告中，我们不难发现，宝洁公司是多么注重客户细分，根据不同的客户需求提供了不同用途的洗发水，达到精准营销的目的，从而在中国日化行业攻城拔寨。企业如果能够注重精准营销和客户细分，就可以像宝洁公司一样占据中国日化行业的半壁江山。

在市场产品日趋同化、市场竞争越来越激烈的今天，客户对产品的需求已经不仅仅局限于产品质量，而且更加注重个性化以追求与众不同的效果，这时就产生了对产品的个性化需求。企业要想迎合客户的这种对于个性化的需求，就必须对客户进行细分，根据不同类型的客户需求，为其制定有针对性的产品和服务，最终达到精准营销的目的。

大数据的发展带来了汽车车险的全新商业模式，实现了车险客户的细分。保险公司通过利用汽车产生的大量数据建立分析模型，并深入掌握客户车辆的主要用途、基本行车路线、路线危险系数、行车习惯、事故发生频率等信息，以此掌握用户的车辆使用情况，通过对车辆数据和用户数据进行全方位的分析，然后针对每个用户的特点来制定专属的车险费率，实现了真正的"私人订制"。与此同时，这种做法也使得保险公司实现了精准营销。

细分客户的目的其实是为了把客户归到同一类群中。这些类群基于共同的需要和想法，对此，企业可以有针对性地制定一个共同的解决方案来展开行动。由此，这些类群中的客户将会在你提供的高效产品服务计划下为你带来巨大的利润。那么在大数据时代，如何有效利用大数据对客户进行细分并进行精准营销呢？如图 5-13、图 5-14 所示。

首先，利用数据进行深入调查，发现客户属性，推断客户需求。

随着信息技术的不断发展，人们采集数据的方式、方法越来越多，因此能够积累的数据量也越来越大，因此，我们要根据所采集的海量数据来进行深入分析，从客户的购买喜好、购买习惯、购买行为、买家等级、买家年龄、买家地域、买家性格等各方面对客户进行细分，并深入挖掘每个细分客户对于产品的需求。通过对这些消费者数据信息的搜集和分析，企业可以制定出适合不同消费者、不同使用场所、不同使用时间、不同购买目的、不同生活方式的定制产品。

图 5-13　有效利用大数据对客户进行细分并进行精准营销的方法

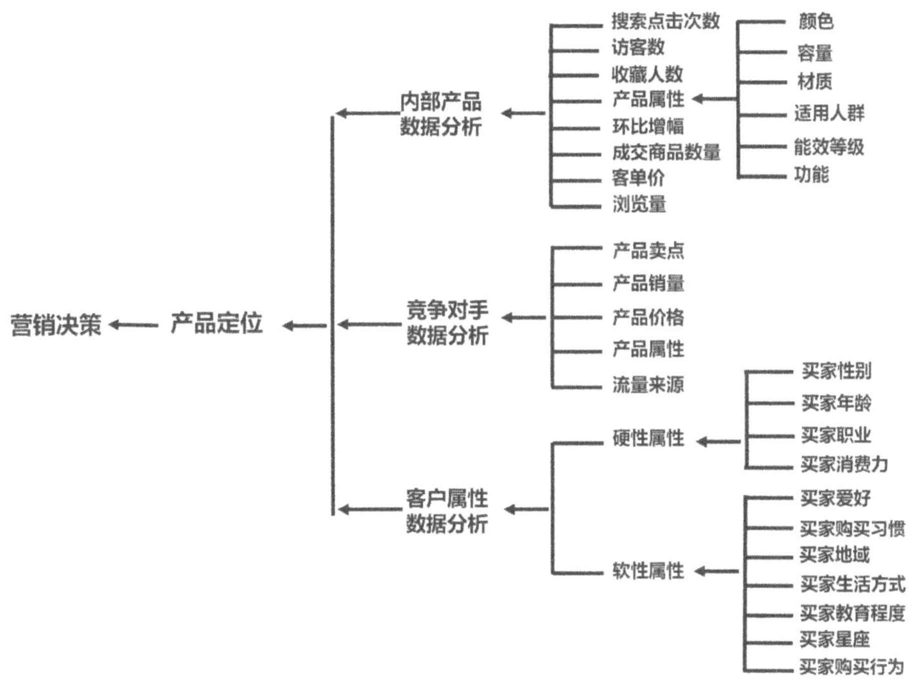

图 5-14　精准营销的准备过程

"太太口服液"适合于太太类型的消费人群。"8点以后"是8点以后适合吃的甜点。"阿胶口服液"说明内含阿胶成分，适合想用阿胶来滋补的人群。

其次，深入分析数据信息，了解竞争者。

在大数据时代做产品营销还少不了对产品竞争者的了解。基于大数据具有预测能力的特点，通过对竞争者的产品卖点、产品销量、产品价格、产品属性等数据的深入分析，我们可以得知竞争者的核心竞争力，从而去其糟粕取其精华，通过扬长避短的方式让自身更加趋向完美。

再次，从数据入手，了解自身产品的信息。

纵观淘宝销售量，其爆款产品必定有过人之处，这就需要对数据进行研究，发现其中隐含的秘密。通过观察某一时间段内自身产品的搜索点击次数、访客数、收藏人数、浏览量、环比增幅、成交商品数量、客单价、产品属性（包括颜色、容量、材质、适用人群、能效等级、功能）等数据，企业可以审视自己的产品与同行业中的其他产品相比是否具有差异化，进而判断产品是否能够满足用户需求。

最后，根据以上数据指标，制定产品定位和营销决策，实现精准营销。

营销决策是市场营销的核心，制定营销决策必须建立在市场调查和市场预测基础之上。市场调查和市场预测就必须依靠数据分析来完成，这不仅需要企业的内部数据，还需要大量的外部数据，包括市场需求、市场竞争情况等。目前大数据蓬勃发展，数据分析的应用十分普遍，企业要重视利用数据分析制定企业营销决策，做到精准营销，提高企业效益。

对客户进行细分，有助于企业集中精力和注意力朝着目标客户群进行精准营销，这样一方面可以满足客户的个性化需求，另一方面可以帮助企业快速掌握竞争对手的特点，进而制定出有利的竞争决策，通过精准营销占领市场，达到自己的营销目标。由此可见，客户细分是企业实现精准营销的基础。

本节小结

当前，精准营销已经成为一种拥有极大市场的经典营销方式，企业利用大数据细分客户将为之后的精准营销做好前期铺垫，是后期实现精准营销的良好基础。

5.5.6　客户细分的价值

传统的经营理念讲究抓大放小，也就是销售大众都喜欢的东西，或者力争大客户。可是这样的竞争模式，在今天会把中小型企业逼到无路可走。就算大企业也很可能因为竞争而受到损伤。为了避免这种情况的发生，企业必须对客户进行细分。

这种细分法是建立在客户维度之上的，如果连客户的性质都分不清，企业的经营必然会毫无方向，之后的赢利也就无从谈起。下面就让我们一起来看看客户细分的价值。

1. 客户层次

俗话说，高不成，低不就，在商界就是指那些只找大客户的人。例如，有一些来自欧洲的奢侈品，在我国很难找到那么多有购买能力的用户，最后只能降价销售。面对这种情况，企业应该立即做客户细分，也就是把客户分为 VIP、重要客户、基础客户几大类，然后有针对性地为其提供服务。

管理学上有 2/8 理论，即 20% 的客户会给企业带来 80% 利润。如今在"得草根者得天下"的经营理念下貌似不再适用，其实只要换一种计算方法，依旧很准确。相关数据显示，那些消耗售后资源近 80% 的客户给企业带来的利润还不到 20%。也就是说，真正能给企业带来最大利润的依旧不是基础客户。这就要求企业把客户按照金字塔形状划分等级，因为两利取其大的道理是不会改变的。

2. 针对性

纵观古今，没有听说任何伟大的企业是多方经营的，因为那样在人力和财力上都难以周转。例如，中国电信一再扩大经营项目，可是在用户中做出口碑的产品却相对较少，这就是对自身资源的严重浪费。这个时候，它最应该做的就是先细分客户，然后集中资源，力争在市场上打造一些卓越的产品，这样才能和同行进行竞争。

此外，企业在进行客户细分的时候，千万不要忘了同一用户的渐变过程。例如，超市推出一款新饮料，顾客通常会先买一瓶尝尝，这叫试探期。要是他对这款饮料有好感，就会成为企业的用户，之后，他会在一段时间内购买这款饮料，可是时间一长，他的需求会发生一些新的变化，这个时候他对该产品的购买力也会下降。

面对上述情况，企业就要分阶段来观察用户，因为他在不同阶段对产品的态度都很不一样。例如，有一位顾客早些年愿意买"冰糖雪梨"这款饮料，原因是够甜，可是随着他健康意识的提高，他认为饮用这款饮料容易增长体重，危害健康，于是就不再购买。

如果企业不能准确地进行客户细分，就很难给自己的运营策略做定位，这样就好比摔倒在了起跑线上，早早就被其他企业淘汰了。下面我们看看其他公司是怎么进行客户细分的。

美国莱斯纳房屋公司按照客户购买房屋的习惯将其分为两类：一类叫自我导向性。他们主要看房屋的格局，至于内部装饰则喜欢自己设计，公司就要邀请他们对所选好的房间进行模块设计，一直达到顾客满意的设计效果为止；第二类用户愿意买那些已经设计好了的房子。该公司为了使顾客满意，设计了多种多样的房型，以满足用户不同的选择。

在上述的细分中，企业可以按照他们的收入情况、家庭情况进行有导向性的推荐。例如，有的人单身一人，有的人家四世同堂，企业推荐的户型必然要有所区分。

总之，在客户细分的过程中，用户所要参考的指标有很多。在这个时候，企业就要抓住那些其他企业没有注意的细节，然后尝试把它转化为商机，这样才会成为同行业中的领跑者。

本节小结

　　随着以客户为中心的商业模式的出现，客户成为企业最重要的资源，对客户进行细分，实际上对提高企业效益具有重要的研究意义。

5.5.7　基于数据驱动的客户细分

　　在大数据时代进行客户细分，企业可以满足客户的需求，达成企业快速实现精准营销的目标。在这里我们将详细介绍在数据驱动下如何进行客户细分。

　　首先我们来认识一下数据驱动。实际上，数据驱动与大数据是不同的，数据驱动并不等同于大数据。数据驱动是在大数据的基础上，借助于大数据的技术手段，对企业的巨量数据进行分析、处理，并从中挖掘出数据所蕴含的巨大价值，对企业的生产、销售、经营、管理等一系列生产活动具有巨大推动作用的一种商业模式。

　　数据驱动与大数据是有着一定的区别和联系的。

　　首先，产生背景有所不同。

　　大数据：自 2012 年维克·托迈尔·舍恩伯格所著的《大数据时代》出版以后，大数据这一概念真正被提了出来。大数据具有海量的特点，单个数据是没有任何价值的，而海量数据则拥有不可估量的潜在价值，这些价值可以通过挖掘、分析、处理等一系列措施而获得。

　　数据驱动：数据驱动的提出晚于大数据，是在移动互联网、云计算、大数据、物联网技术不断发展的时代中演化而来的。在这个一切皆可数据化的时代，每个人都是一个"数据人"，因此，全球进入数据的白热化时代。这个时代是一个典型的优胜劣汰的时代，向我们证明了"拥有数据就拥有了一切"的道理，也正是在这个时代，驱动数据诞生了，在未来谁能够利用数据驱动企业生产、销售、经营、管理，谁就是整个市场竞争中的强者。

其次，内涵有所不同。

大数据：大数据实际上是数据和相关分析技术等的统称。对于大数据，目前还没有确切、统一的定义。百度百科的描述为"大数据是指无法在可承受的时间范围内用常规软件工具进行捕捉、管理和处理的数据集合。"维克·托迈尔·舍恩伯格认为"大数据是人们在大规模数据的基础上可以做到的事情，而这些事情在小规模数据的基础上是无法完成的。"大数据具有巨量、高速、多样、价值的特点。

数据驱动：数据驱动是未来企业保证竞争优势的核心力量，是实现差异化战略地位、高效经营管理、低成本优势的核心因素。在未来数据驱动的发展下，全球将面临一场全新的变革。

最后，大数据和数据驱动又有着一定的联系。大数据是数据驱动的基础，而数据驱动是大数据的使用体现。

如今，企业为了促进消费，力求从多方面了解客户，并对客户进行引导消费，越来越多的企业正在从原来的以产品为核心的商业模式向以客户为导向的商业模式转变。企业与客户之间的关系是企业能否提高自身竞争力的关键因素，因此，企业就需要想方设法地获得客户、留住客户、从客户那里获得更多的价值。每一位客户能够给企业带来的价值是有所不同的，这就要求企业在数据驱动的基础上对客户进行细分，从而更好地为客户提供差异化、个性化的产品和服务，进而提高客户的满意度和忠诚度，最终实现企业获得巨额利润的目的。

基于数据驱动的客户细分既是传统客户细分方法的补充，也是商业智能技术的重要应用。那么利用数据驱动来进行客户细分的具体方法和步骤是什么呢？

1. 识别可获得的客户数据

对客户数据进行识别，就是通过对客户特征、购买记录等诸多方面收集客户数据，从而根据客户数据分析哪些客户是潜在客户、哪些是目标客户、看哪些客户具有什么样的价值等，然后将这些客户作为企业客户关系管理的实施对象，为日后所用。

2. 设计细分的目标

对客户进行细分有很多方法，可以根据想要达到目标的不同进行细分。通常，目标的长短不同，则客户细分的方法也会有极大的差异。典型的目标有设计有针对性的产品与服务、促进产品销售、提升运营效率、优化成本结构、改进服务体验、提高营销效果等。

3. 根据目标确定需要的资源和方法

这里就要根据企业自身的条件以及资源方面的优势对客户进行取舍，因为有些价值不大的客户往往会因为个体因素而影响到企业整体利益目标的达成。

假如你开了一家网店，已经经营了五六年，拥有了非常庞大的客户资源，因此应有选择性地将你的客户按照对你的店铺所作出的贡献大小进行分类，即通过交易数据、在自己店铺中的消费额占在同行业同类店铺中消费额的比例来判断其价值的大小。那些价值小、贡献甚至微乎其微的用户可以直接将其忽略，因为很多时候在这样的客户身上花费时间往往是得不偿失的，这种方法可以帮助你快速、精准地达到更大的赢利目标。相反，如果你是一个店铺新手，这时候，你需要达成的目标是最原始的目标，即能在保证不亏损的前提下获得赢利，那么你就需要广泛地增加客户源，吸引更多的客户。这也就是企业根据自身条件以及资源优势等针对客户进行筛选和取舍的过程。

4. 建模进行基本细分

利用有效数据对客户细分进行建模，主要是以客户生命周期价值为基础，根据客户当前价值、客户潜在价值、客户忠诚度等将客户分为 8 个类别，建立全新的客户分类模型，并且在这个基础上，提出每类客户的市场营销策略。

通过客户分析方法建立客户分析模型，是比较有效的方法。一般情况下，常用的客户分析方法有回归分析法、Logit 法、Probit 法等。

此处我们对回归分析法加以讲述。回归分析法反映事物数据属性值在时间上的特征，产生一个将数据项映射到一个实值预测变量的函数，发现变量或属性间的依赖关系，其主要研究问题包括数据序列的趋势特征、数据序列的预测以及数据间的相关关系等。回归分析法是将现实世界中的变量之间的相互依赖、相互制约的关系，大致分为两类。一类是函数关系，意味着变量之间存在着一定的关系，例如正方形的面积 $S=a^2$，因此 S 与 a 之间就有一种非常明确的关系。另一类是相关关系，即变量之间存在着非确定性关系，如消费者对某件产品的月需求量与该商品的价格高低之间的关系。

然而，客户价值和客户忠诚度是会随着部分变量的改变而改变的，如同行业中某一企业的产品外观和功能更加新颖，吸引了本企业当前客户，这时本企业的客户就会逐渐将消费的目光转向更具创新性的企业。因此，客户价值会减少，客户忠诚度会降低，会使客户从高价值客户领域退回到低价值客户领域，甚至成为不再有任何价值可言的客户。

根据常用的几种客户分析方法，我们可以分别对客户当前的价值、客户潜在的价值、客户忠诚度进行分类。

按照当前客户价值的大小（包括购买产品数量、交易金额大小、在市场中购买产品数量占总数的百分比等）来分类，将客户细分为高价值客户、一般价值客户和低价值客户。

按照客户潜在价值的大小来分，将客户细分为有潜在价值客户、无潜在价值客户。

按照客户忠诚度来分类，将客户细分为感情型忠诚客户、习惯型忠诚客户和理智型忠诚客户。

根据这 8 个类别模型，就可以对客户群进行更加全面的细分。

5. 市场调研

在对所有的客户进行细分之后，就需要针对真实的市场和用户进行实地调研，用于验证细分的精准性、实用性、可操作性，并且发现可以作为切入点的营销点。

总之，基于驱动数据的客户细分实际上是依据客户以往和现在的行为来预测客户将来的行为，为企业在大数据环境下深度挖掘客户价值提供更加有利的研究方向。

本节小结

> 以客户为导向的细分方法是围绕客户各方面数据的差异化而展开的，目的是通过客户细分实现差异化营销。这种加大力度划分客户需求和属性的细分行为，恰好是与当前大数据时代众多企业营销模式的趋势相一致的，是大势所趋。

5.5.8　基于决策树的案例解析

决策树是基于数据的一种分类算法，具有直观性，经常被用来进行投资风险的估算。它使用的基础是已知一些情况发生的概率，然后通过这个概率构建决策树，以求期望值的大小。因为分析的模型很像一棵树，故得名。表示的对象之间是映射关系。

决策树的组成部分有决策点、状态节点、概率枝、结果节点。所谓决策点就是决策方案，可是事情大多是分层次和阶段来进行的，决策点也有总和分的关系，位于决策树根部的决策点为总决策点。状态节点表现的是几种方案所能带来的期望值，企业可以逐一比对，然后找出最可行的方案。概率枝是状态节点的分支，表明了能够出现这种状态的概率。通过各状态节点的经济效果的对比，按照一定的决策标准，我们就可以选出最佳方案。由状态节点引出的分支称为概率枝，概率枝的数目表示可能出现的自然状态数目，每个分枝上要注明该状态出现的概率。结果节点是用于计算每种方案损益值的，通常标注于状态节点的右端。

决策树最大的优点是对使用者知识的要求不高，准备的数据也无需太复杂，可以对短时间出现的数据做准确的推断；缺点是难以预测连续出现的长期性问题。如果分析的问题种类太多，出错率增加得就会比较快。下面我们来看看它在实际中的应用。

首先我们从一张商业银行基于决策树的客户分类的规则图说起。

在对客户进行决策树细分之前，商业银行分别从 8 类客户属性出发进行标准化处理，然后按照聚类分析的 4 类客户结果进行匹配，挖掘客户分类更为精细的规则。利用决策树 C5.0 方法对商业银行客户进行分类，具体过程是利用 SPSS Clementime 软件来实现的，并采用决策树剪枝技术和 Boosting 技术提高分类的精准性，使分类的结果达到最优化的效果。

图 5-15 是一张商业银行基于决策树的客户分类规则图，商业银行通过总结其客户决策树分类的结果，得出了 10 个叶节点的决策规则，具体分析内容如下。

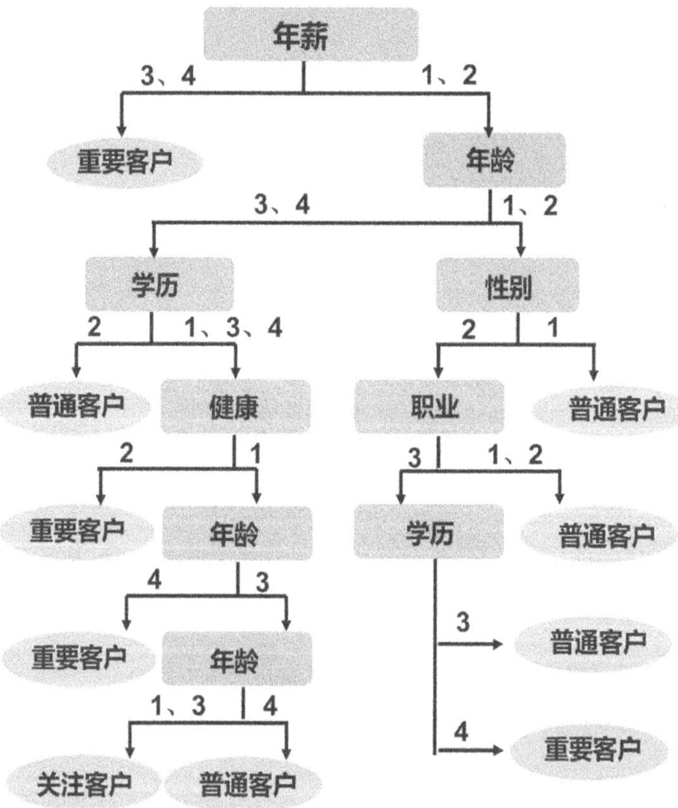

图 5-15　客户分类规划图

1. 年薪为 30 万元以上（第 3、4 类）的客户划分为重要客户。

2. 年薪为 30 万元以下（第 1、2 类）、年龄为 36 岁以上（第 3、4 类），并且学历为高中、中专（第 2 类）的客户划分为低档客户。

3. 年薪为 30 万元以下（第 1、2 类）、年龄为 36 岁以上（第 3、4 类）且学历为初中以下或本科以上（第 1、2、3 类）、健康状况良好（第 2 类）的客户则划分为重要客户。

4. 年薪 30 万元以下（第 1、2 类）、年龄 46 岁以上（第 4 类）且学历为初中以下或本科以上（第 1、3、4 类）、健康状况优良（第 1 类）的客户则划分为重要客户。

5. 年薪 30 万元以下（第 1、2 类）、年龄 36~45 岁（第 3 类）且学历为初中以下或本科、大专（第 1、3 类），健康状况为优良（第 1 类）的客户则划分为关注客户。

6. 年薪 30 万元以下（第 1、2 类）、年龄在 36~45 岁（第 3 类）且学历为硕士或博士（第 4 类）、健康状况为优良（第 1 类）的客户则划分为普通客户。

7. 年薪为 30 万元以下（第 1、2 类）、年龄为 20~35 岁（第 1、2 类）、性别为男性（第 1 类）的客户则划分为普通客户。

8. 年薪为 30 万元以下（第 1、2 类）、年龄在 20~35 岁之间（第 1、2 类）、性别为女性（第 2 类），职业为教师、勘探设计、建筑设计、医务服务类（第 1、3 类），学历为本科、大专（第 3 类）的客户则划分为普通客户。

9. 年薪为 30 万元以下（第 1、2 类）、年龄在 20 ~ 35 岁（第 1、2 类）、性别为女性（第 2 类），学历为硕士、博士（第 4 类）的客户则划分为重要客户。

10. 年薪在 30 万元以下（第 1、2 类）、年龄在 20 ~ 35 岁（第 1、2 类）、性别为女性（第 2 类），职业为农民、工人、服务员、银行职员、军人、公务员、房地产、进出口贸易（第 1、2 类）的客户则划分为普通客户。

通过对上图的细致分析，我们能够很好地理解决策树的巨大作用。它能够帮助企业以最少的付出换取最大的利益。所以企业应该巧妙地利用它，切不可为了决策一再地旁生枝节，也不可粗枝大叶，这样营销才能更加精准地划分客户，实现精细化营销。

本节小结

对客户进行细分可以实现市场细分，进而很好地引导企业寻找目标市场、进行产品定位等一系列市场营销活动，而在进行市场营销活动之前应用决策树来进行客户细分，将使企业的营销活动更加有效和高效。

5.6　大数据挖掘方法之推荐算法

5.6.1　推荐的常用算法与关键思想

大数据的挖掘是企业在大数据环境下进行营销最为关键的一项工作。通过对海量数据进行高度分析、归纳推理，获取有价值的数据，可以帮助企业、企业等调整市场政策、减少风险，更加理性地面对市场，并制定出合理、可行的决策。大数据挖掘已经在诸多领域得以应用，尤其是在商业领域，应用得更加广泛，如银行、电商、电信行业等。

通常，大数据挖掘的方法主要有 6 种，包括分类法、回归分析法、聚类法、关联法、神经网络法、Web 数据挖掘法。

随着社会进步和信息技术的不断发展，各行各业、各领域在运转过程中都会产生大量的数据信息，经过长期积累，形成了非常巨大的数据量。因此，用"海量""爆炸式增长"来形容数据的快速增长已经变得很不精确了。面对如此庞大的数据，企业要想高效利用其中有价值的数据为自己创造更大的价值，就需要对这些庞大的数据进行有选择的采集、深入分析、精确处理，从而挖掘到更加有价值的数据，如图 5-16 所示。

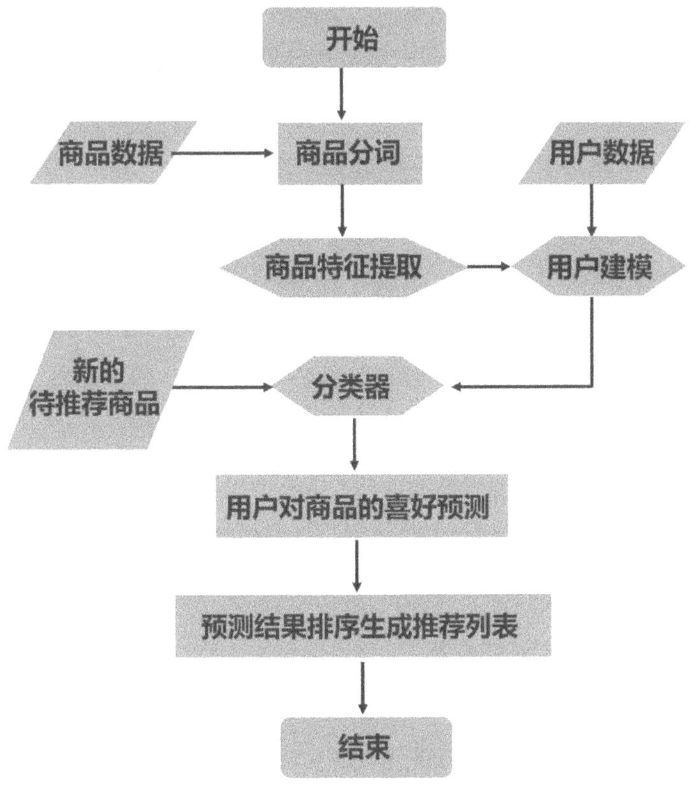

图 5-16　大数据挖掘

1. 推荐的常用算法

在大数据的挖掘方法中，推荐算法是企业经常应用的挖掘方法。所谓推荐算法实际上是指借助用户行为，通过一系列的数学算法，推测出用户可能喜欢的产品。

推荐算法主要有 5 种常用算法。

（1）**基于内容的推荐**。根据用户以往的浏览记录来为用户推荐其没有接触过的产品。该方法的主要理论依据是信息检索、信息过滤。例如，在电影推荐中，基于内容的推荐首先分析用户曾经看过的、分数比较高的电影的共性，包括演员、导演、剧情类别等，之后再为这些用户推荐与其感兴趣的电影内容相似度极高的其他电影。

基于内容的推荐，主要通过 3 个步骤来完成。

第一步，特征提取。在内容中抽取一些商品信息（如文档、网页、新闻、产品描述等）的特征，然后结构化地表示该商品的内容。

第二步，用户画像。对用户特征进行建模，利用一个用户过去喜欢或者不喜欢的内容特征数据，来分析出该用户的喜好特征。

第三步，推荐生成。通过计算在第二步得到的用户画像与之前商品特征的相似度进行对比，进而为该用户推荐一组与其喜好最为相近的商品。

（2）**基于协同过滤的推荐**。找出用户最近的邻居，根据其最近邻居的喜好来预测用户的喜好。简单来讲，就是与用户喜欢相同或相似产品的人所喜欢的产品，极可能就是该用户喜欢的产品。

基于协同过滤的推荐可以分为三类，分别是基于用户的协同过滤推荐、基于项目的协同过滤推荐和基于模型的协同过滤推荐。

① **基于用户的协同过滤推荐**

基于用户的协同过滤推荐的原理是根据所有用户对某件商品或物品的喜好程度，发现与当前用户口味和偏好相似的"邻居"用户群。通常，该种推荐的计算方法是采用"K 邻居"法，然后基于 K 邻居的历史编写好信息，对当前用户进行推荐。具体原理如图 5-17 所示。

说明：假设用户甲喜欢物品 A、物品 C，用户乙喜欢物品 B，用户丙喜欢物品 A、C、D，从这些用户喜好的信息当中，我们可以发现用户甲和丙有同样的喜爱偏好，同时用户丙还喜欢物品 D，这时候，我们就可以推断用户甲同样也可能会喜欢物品 D，因此就可以向用户甲推荐物品 D。

② **基于项目的协同过滤推荐**

基于项目的协同过滤推荐其实和基于用户协同过滤推荐的基本原理有些类似，只是前者讲的是利用所有用户对物品或者信息的偏好，发现物品与物品之间的相似性，然后根据用户的历史偏好信息，将类似的物品推荐给用户。具体原理如图 5-18 所示。

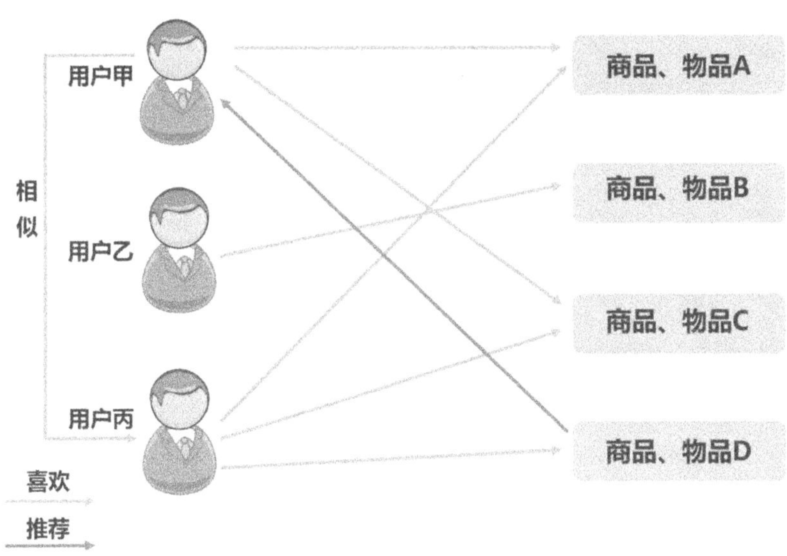

图 5-17　基于用户协同过滤推荐的基本原理

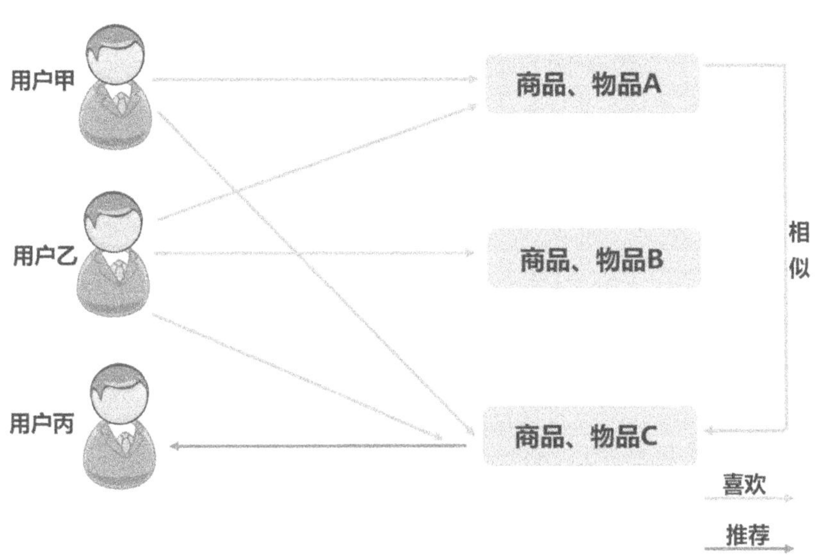

图 5-18　基于项目协同过滤推荐的基本原理

说明：假设用户甲喜欢物品 A、物品 C，用户乙喜欢物品 A、物品 B 和物品 C，用户丙喜欢物品 A，从 3 位用户的历史喜好可以发现物品 A 和物品 C 有一定的相似性，喜欢物品 A 的用户都会喜欢物品 C，从而推断出用户丙很有可能同样喜欢物品 C，因此就将物品 C 推荐给了用户丙。

③ 基于模型的协同过滤推荐

基于模型的协同过滤推荐是根据指定用户的喜好信息，构建一个推荐模型，然后根据实时的用户喜好的信息进行预测、计算并推荐。

基于模型的协同过滤推荐的优势包含两方面。

一方面是不需要对物品或者用户进行严格的建模，并且没有要求对物品必须进行机械的、可理解的描述，因此这种方法与领域没有关系。

另一方面，通过这种算法得到的推荐结果是具有开放性的，可以共用他人的经验，从而帮助企业发现用户当前的兴趣爱好。

（3）**基于关联规则的推荐**：基于关联规则，把已经购买过的商品作为规则头，规则体则作为推荐的对象。这种推荐算法可以帮助企业在销售过程中发现不同商品的相关性。

所谓关联规则实际上简单地理解就是"如果……那么……"，前者代表以什么为条件，后者代表以什么作为结果，关联规则的挖掘是用来寻找给定数据项与项之间的关联或者相关关系。关联规则强调的是数据项与项之间存在某种未知的关系，通过挖掘某一数据项，从而能够推断出另一个数据项的信息。

举一个简单的例子。通常牛奶和面包之间是相关联的，人们在购买牛奶的时候往往会同时购买面包，因此，根据这一相关规则，通过对相关数据进行统计，得出这样的结论：牛奶→面包（支持度：30%，置信度：40%）。这里的"支持度：30%"表示有 30% 的顾客在购买牛奶的同时也会购买面包；"置信度：40%"表明购买牛奶的顾客中会有 40% 同时购买面包。

这里有两个关键词：支持度、置信度。支持度：描述的是物品 A 和物品 B 两个物品集的并集在所有的事物中出现的概率百分比；置信度：意为可信度，是事物数据库 A 中包含 B 的事物中同时也包含 C 的百分比。

根据以下两个表格，我们来仔细分析一下。

不同顾客的购买记录表格如下。

顾客	项　目
1	橙汁、鸡尾酒
2	牛奶、橙汁、雨刮器
3	橙汁、去垢剂
4	橙汁、去垢剂、鸡尾酒
5	雨刮器

根据以上表格，对其进行整理，得出如下的二维表格。

	橙汁	雨刮器	牛奶	鸡尾酒	去垢剂
橙汁	4	1	1	2	2
雨刮器	1	2	1	0	0
牛奶	1	1	1	0	0
鸡尾酒	2	0	0	2	1
去垢剂	1	0	0	0	2

上面的二维表格中，其横栏和纵栏的数字表示同时购买这两种商品的交易次数。以橙汁为例。购买橙汁的交易次数为 4，而同时购买橙汁和鸡尾酒的交易数量为 2，那么计算其可信度则为 2/4=0.5。再例如在第 5 条记录中，既有橙汁又有鸡尾酒的记录有两条，那么其支持度为 2/5=0.4。通过这样的计算，就可以得出购买橙汁的顾客中，有 50% 的顾客会购买鸡尾酒，而出现这种状况的可能性为 40%。这也正好说明了橙汁与鸡尾酒之间的关联规则。

（4）**基于知识的推荐**：这种算法实际上也是一种推理技术，但并不是在用户需求和喜好的基础上进行的推荐。

基于知识的推荐具有极强的交互性，因此可以认为是一种会话式系统。通常有两种基本类型。

① **基于约束推荐**，一般能够表示由约束求解器解决的约束满足问题，或者通过数据引起运行并决绝的合取查询形式。

基于约束的推荐，往往会遇到以下变量和约束条件。

A. 用户属性，即刻画潜在用户的需求属性。

B. 产品属性，根绝产品分类描述产品的属性特征。

C. 一致性约束条件，探讨和研究的是同一范围内的用户属性比例。

D. 过滤条件，强调了在何种情况下选择何种产品。

E. 产品约束条件，强调的是当前有效的产品分类。

F. 合取查询，即将一组挑选标准依据按照合取方式连接起来的数据库查询。

② **基于实例推荐**，该种推荐主要是利用相似度衡量标准从文件夹中检索物品。基于实例的推荐，往往需要用户指定他们的需求，很多时候是需要经常重复指定，直到发现目标物品为止。

两者推荐过程具有一定的相似性，表现为用户必须指定需求，然后系统设法给出解决方式，如果找不到合理的解决方案，用户不得不改动自己原有的需求。另外，系统还会对给出推荐的物品进行合理的解释。

两者的不同之处在于，在怎样使用所提供的知识方面，两者有所不同。基于实例的推荐系统强调的是依据不同的相似度来衡量方法，检索出相似的物品。然而基于约束的推荐则是依赖清晰定义的推荐规则集合。

（5）**综合推荐**：综合推荐是推荐算法中常被使用的方法。该方法研究和应用最多的是内容推荐和协同过滤推荐的组合。这种方法可以弥补或者避免各种推荐方法在单独使用时的弱点和缺点。

以上 5 种推荐算法中，最为常用的就是诞生最早的、也是关键原理最为简单的基于协同过滤的推荐算法。基于协同过滤的推荐方法最早于 1992 年被提出，于 1994 年第一次被 GroupLens 使用于新闻过滤。直到 2000 年，该算法还依然是推荐算法领域里最为有名的算法。

基于此，这里将着重对基于协同过滤的推荐算法的关键思想及其原理进行详细介绍。

2. 关键思想

所谓"物以类聚人以群分"，这里用两个简单的例子来说明。如果你喜欢看《西游·降魔篇》，就通常会喜欢看《捉妖记》《巨人捕手杰克》《魔境仙踪》等。有人喜欢看《权力的游戏》，而恰好这部美剧你也喜欢看。

换句话说，基于协同过滤的推荐算法的关键思想其实就是：当用户甲在需要个性化推荐的时候，可以先站到与甲兴趣爱好相投或相似的用户群体 A 中，之后将甲和 A 都喜欢的、但是甲并没有接触的物品推荐给甲。

本节小结

随着大数据时代相关技术突飞猛进的发展，越来越多的企业都开始利用基于大数据的推荐算法指导营销方向，这是当前市场营销的大势所趋。

5.6.2　推荐电商的应用案例

随着互联网技术和信息技术的不断发展，人们生产、生活所产生的数据信息量也越来越大，这时，出现了两种情况：一方面客户在面对巨量、纷繁的数据信息的时候往往会遗漏掉对自己真正有用的那部分信息，因此使得数据信息的使用率大幅降低，这种现象其实就是信息超载。另一方面，电子商务规模处于不断扩大的趋势，使得商品种类和数量都大幅增加，这其实也使消费者在购买产品的时候产生了不少困惑和烦恼：首先是产品种类太多，不知道选择哪种产品才是正确的；其次是在种类繁多的产品中寻找自己想要的产品是一件非常耗时的事情。然而，这种情况对于企业来讲，越来越多的客户会因为在浏览大量毫无价值的信息和产品的过程中，为了不再迷茫、不再浪费时间而不得不选择放弃，这就导致企业所拥有的消费者逐渐流失。

虽然说数据信息多总比匮乏要好，但是这并不意味着只要多就一定是好的。信息超载就是一个非常典型的例子。如今，信息超载如今已经成为了一个非常显著的问题，很多情况下，面对信息超载，人们会表现得犹豫不决、进退两难。因此，对于信息超载，最好的办法就是对所获得的数据信息进行有针对性的处理。通常处理信息超载的方法有以下两种。

1. 搜索

当用户对某件商品有了明确需求或者用处以后，就会将其用处或需求转换成简短的词语或者短语到搜索引擎里进行搜索，之后再在搜索引擎里的海量信息库中找到自己想要的信息。

2. 推荐

在用户对自己想要的商品并没有明确目的或者需求的时候，就会漫无目的地"闲逛"，这时候，如果能够为用户提供个性化服务，帮助用户明确其意图，则会提高用户的信任度和忠诚度。个性化推荐系统便是为了解决这样的问题而诞生的。

个性化推荐系统建立在海量数据挖掘的基础上，根据用户的兴趣、爱好、购买行为等，向用户推荐其比较感兴趣的商品和相关的信息，帮助电子商务网站为其顾客提供完全个性化的决策支持和信息服务，是一种高级商务智能平台。

美团网是目前国内发展 O2O 模式较快的电商，因此积累了大量的用户和用户信息，这也为个性化推荐系统的应用和优化提供了非常好的契机。诚然，美团网不同用户的数据所拥有的价值是有所不同的，并且所反映的用户意图也是有区别的。

美团网对用户行为的记录如表 5-1 所示。

表 5-1　美团网对用户行为的记录

行为类别	行为详情
主动行为数据	搜索、筛选、点击、收藏、下单、支付、评价
UGC	文本评价、上传图片
负面反馈数据	取消收藏、取消订单、退款、退货、低评、差评
用户信息	用户个人属性、美团 DNA、购买喜好、消费水平、工作性质、居住区域

用户主动行为数据用来记录用户在美团网的各种行为，这些行为一方面用来进行候选集触发算法中的离线计算（浏览、下单等）；另一方面代表用户的意图强弱有所不同，这就使得在进行重排序模型训练的时候，可以为用户的不同行为设定出有针对性的回归目标值，从而更加细致地刻画用户行为的强弱度。

UGC 数据可以帮助美团提取相关关键词，之后通过利用这些关键词给交易打标签，这也体现了美团的个性化交易。

负面反馈信息实际上是对用户不满的最真实的反映，这有助于美团对以往特定的因素等进行重新过滤或者适量降权，提高用户体验的满意度，降低用户的负面反馈概率。

用户信息实际上是对用户基础数据的显示，这些数据有的是原始数据，也有的是经过加工的二次数据，美团网根据这些数据适当地对交易进行加权或降权，另一方面也可以将这些数据当作重排序模型中的用户维度特征来使用。

美团网利用个性化推荐系统，使其在充分了解用户的同时，能够寻找到可以提升用户满意度的最佳决策方式，进而帮助其实现赢利的目的。由此可见，个性化推荐系统在电商发展过程中的作用是不容小觑的。

本节小结

当前，电子商务网站是个性化推荐系统应用的一大领域。美团网是典型个案，但是美团网并不是唯一，还有很多电子商务网站群雄逐鹿，利用个性化推荐系统进行营销活动并取得了成功，著名的电子商务网站亚马逊也是个性化推荐系统的积极引用者和推广者。

5.7　大数据挖掘方法之分类法

5.7.1　分析客户细分场景，增加客户密度

大数据时代，数据挖掘是关键。掌握良好的数据挖掘方法和技巧，为企业营销提供了极为有利的基础。分类法是大数据挖掘中常用的方法。

分类法是从数据库中找出一组数据对象所具有的共同特点，并将其按照不同的类型进行划分，通过分类模型，将数据库中的数据项映射到某个特定的类别中。目前，数据挖掘的分类法已经在电商中得到了广泛应用，并且从中尝到了甜头。

2015 年 3 月 8 日，我买网借助大数据挖掘技术中的分类法对营销策略进行了全面的改进。我买网在营销过程中，将用户场景按照用户需求进行了细分，以拥护为主导，按用户需求制定相关活动。我买网在活动设置的时候，将用户场景和角色作为切入点，综合考虑不同女性的不同需求，横向推出了"女神""OL""主妇""妈咪"4 个场景；纵向在每个场景中开辟了全新区域，如女神场景中有"吃货女神""居家女神""女神养成记"等 6 个板块。因此，每个不同的场景从不同的角度满足了不同女性消费者的不同需求，因此使得女性消费者获得了不同寻常的个性化体验，这样的做法拉近了我买网与女性消费者之间的距离，与此同时也使我买网获得了广大女性消费者的青睐，使得我买网获得了更好的销售业绩。

我买网借助大数据挖掘方法中的分类法实现了场景细分，增加了客户密度，获得了巨额收益，是利用大数据挖掘法之分类法的典型成功案例。

要进行场景划分，首先要了解客户细分场景的划分涵盖了哪些方面。

首先，客户是谁。通常，客户的角色可以真实反映客户的个性化特征。

其次，客户的浏览意图是什么。可以了解到用户的动机和预期。

最后，客户的目标是什么。了解客户目标，有助于帮助企业制定出有针对性的产品和服务，最大限度地满足客户需求。

了解客户细分场景的涵盖内容之后，就可以进行场景类型划分了，那么客户场景类型有哪些呢？

1. 基于目标或者任务的场景

仅仅描述用户想达到什么样的目的，而不论是否完成预期目标。

2. 精细化场景

对更多的用户使用细节进行详细的描述。企业可以根据用户的这些细节和特征设计出更加贴切的产品和服务，让客户获得更好的体验感受。

精细化场景的划分是按照所挖掘到的客户需求、喜好、购买习惯、消费水平、服务需求等各方面的数据信息对场景进行精细化分类，让客户更加快速地找到自己需要的产品。

在 2014 年"双十二"期间，淘宝推出了"场景购物"，消费者可以仅仅凭借自己模糊的想法买到自己需要的产品。在母婴市场，淘宝将购物场景划分为孕前期、孕中期、孕后期、0～3 个月、3～6 个月等，对各个阶段进行细化，这样便于准妈妈对号入座，找到适合自己的购物场景，之后可以在每个适合自己的场景中找到自己需要购买的产品。这样免去了消费者自己动手在种类繁多的尿布、奶粉中盲目筛选的烦恼。

同样，在家具市场也可以发现有同样的购物场景设置，消费者可以按照自己的喜好进入不同的店铺。如果选择欧式风格，就会为消费者呈现出一系列欧式风格的产品菜单；如果选复古风格，则会罗列出一系列复古风格的产品……多样的产品都放置在样板间里，由擅长各种风格的设计师进行专门设计，让消费者如身临其境一般地感受到各种风格的家居经过精心摆放之后的精美效果。

淘宝在"双十二"期间设置了超过 20 个这样的场景，并将产品和服务按照功能、价位等进行了归类，以供不同需求、不同爱好、不同消费水平的消费者进行选择，这样做有效地缩短了消费者搜索商品的时间，减少了目标模糊的消费者选择商品时产生的茫然，很大程度上提升了交易量。

3. 全面的场景描述

全面场景除了背景信息之外，还包含了用户完成任务的所有行为步骤，向企业很好地展示了用户为了完成自己的某个目标而进行的一步步操作，便于企业更好地把握用户的实际操作情况，进而对操作程序数据有针对性地进行改进和完善，从而吸引更多的客户前来消费。

综上所述，客户场景进行细分，不但有助于客户更好地购买自己所需的商品，获得更加满意的购物体验，而且帮助企业赢得了更多客户的信赖，增加了客户密度，从而实现了快速达成交易的目标。由此可见，企业进行产品营销，对客户场景进行细分是很有必要的。

本节小结

> 如今，在运营过程中，越来越多地强调利用场景化增加客户密度、利用差异化提高方案创意等，因此，分析客户场景就成为增加客户密度的关键一步。

5.7.2　客户细分在线上线下精细化营销中的应用

如今，市场竞争异常激烈，各个企业都在寻求一种更加具有竞争优势的营销方式，以击败竞争对手，并且占领市场。精细化营销已经成为当前极具竞争优势的一种营销模式，尤其在电子商务领域，精细化营销的应用效果则更加显著。

电子商务营销企业往往会选择在各种节日营造一种热烈的营销氛围，借助自身积累的大量数据优势，对消费者全面展开各种"轰炸"模式，让消费者在各种诱惑、诱导之下心甘情愿地掏腰包。尤其是女性，作为一个巨大的消费群体，在电子商务营销的各种诱导下会十分慷慨地进行消费。

1. 线上

不少女性在有购买需求、无购买需求的时候都喜欢去网站"逛一逛"；有时在促销季遇到折扣的时候喜欢"逛一逛"；有时在换季的时候要去"逛一逛"；开心、不开心的时候要去"逛一逛"，在新款限量上市的时候要去"逛一逛"……似乎有各种"逛一逛"的理由和原因；在买裙子的时候要买连衣裙、半身裙、A字裙、牛仔裙、背带裙、高腰裙……买上衣的时候要买运动衣、风衣、雪纺衫、夹克衫、针织衫、毛衣、吊带……买包包的时候要买双肩包、单肩包、手拿包、编织包、化妆包、皮草包……买鞋子的时候要买凉鞋、凉拖、高跟鞋、豆豆鞋、单鞋、运动鞋、高帮鞋、低帮鞋……买化妆品的时候要买补水霜、隔离霜、晚霜、眼霜、防晒霜、粉底液、乳液、卸妆水、眉笔、唇线笔、腮红……似乎"一个都不能少"。像淘宝之类的诸多线上的电子商务企业也正是抓住了女性的这种"逛一逛"和"一个都不能少"的心理，并且利用大数据挖掘的分类法，对长期以来积累的海量女性客户数据信息进行深入分析，对客户进行细分，大量推出针对不同女性的产品，实现了精细化营销。

2. 线下

全球最大的日用消费品之一的宝洁公司就是一个典型的线下例子。保洁公司旗下有诸多产品，如玉兰油系列、飘柔系列、海飞丝系列、舒肤佳、汰渍等，这些品牌产品已经成为如今家喻户晓的必备日用品。但是，宝洁公司对于这些产品并不是一条线划齐的，而是根据不同女性的偏好、习惯、消费水平等进行了类别和档次等的划分，这种精细化营销最为成功的例子就是 SK-II。SK-II 在产品定位上就做得非常好。首先高端产品自然面对高端消费人群，宝洁公司的数据团队在各大主流的购物网站上、商场里收集和购买了数万名女性消费者的消费信息，并对这些数据信息经过精心的分析、分类、推算之后，策划了相应的广告向市场进行投放，并确保了每位有购买 SK-II 需求的爱美女性都能够看到该广告。与此同时，宝洁公司还将不同女性的消费习惯、消费品质、兴趣爱好、肤色肤质等一系列特征录入数据处理系统，然后对女性客户进行细分，最后给其贴上专门的标签。在做完了这一系列的基础准备工作之后，宝洁公司将 SK-II 的销售渠道选在了各大高中档次的商场中，摆放位置与其他高端护肤品并立，消费者可以在柜台进行亲肤体验，体验产品带来的不一样的护肤感受，结果宝洁公司的这种客户细分的精细化营销方式获得了不小的轰动。

客户细分已经在线上线下精细化营销中得以广泛应用，并且都取得了良好的营销效果，给企业带来了巨大的商机和不菲的营业额，可以预见，随着大数据挖掘技术和方法的不断提升，客户细分将会给商界带来更加巨大的价值。

本节小结

　　其实，对于一个企业来讲，如果能将下上线下两个营销渠道有机结合起来，彼此借鉴优势，根据不同特征、属性对客户进行细分，加大精细化营销力度，这样则更加有利于企业的发展。

· 第三篇 ·

实 战 篇

第六章

大数据营销实战——经典与前沿营销案例解读

大数据从概念阶段一直发展至今，全面开始进入实战阶段，各企业纷纷利用大数据进行营销活动，使得企业在大数据领域的市场竞争越来越激烈，很多营销案例脱颖而出，成为了大数据营销领域的标杆，为后来者提供了很好的借鉴。

6.1 《纸牌屋》电视剧大数据营销

大数据的应用领域十分广泛，涉及行业更是颇多，但是大数据对于影视行业的涉猎还是个新鲜事。市场上一部广为人知的美剧《纸牌屋》，被中国网友戏称为"白宫甄嬛传"，该美剧在全球 40 多个国家热播，引起了一场轰动，并一夜成名。《纸牌屋》之所以能够一夜成名，不仅仅因为剧情引人入胜，更重要的是，它不是一部传统的电视剧，而是第一部"大数据电视剧"。为何被称为"大数据电视剧"呢？这是因为《纸牌屋》是大数据分析结果在影视行业的第一次战略应用。

《纸牌屋》借助大数据出现，在很多电视人看来，新兴的大数据电视剧给传统影视工业带来了巨大的变革，影响了整个娱乐圈未来的发展趋势。

《纸牌屋》由美国在线影片租赁提供商奈飞制作推出，奈飞拥有 2900 万订阅用户，也对用户的收看习惯、收看喜好等数据做了相关分析，因此奈飞拥有十分强大的用户数据库。因此，电视剧拍什么、由谁拍、谁来演，都是通过对用户的评分信息、观看记录以及用户好友推荐信息的深度挖掘奈飞来决定的。

以前观众往往在固定的晚上、固定的时间段，守在电视机旁边观看新剧集，而现在随着电视剧播放设备的不断更新，人们不再守着电视，而是通过各种移动网络设备，诸如计算机、手机、iPad 等，待整个电视剧全部播放完毕后，选择适合的时间地点攒起来集中看。为此，奈飞采用了非常强大的 Cinematch 系统，该系统将用户点播视频的时间、地点、评分、播放、快进等基础数据存储到数据库中，然后对这些数据进行分析，预测用户可能喜欢的影片，并围绕用户的喜好拍出更能满足用户视觉偏好的影视剧。

奈飞在拍摄《纸牌屋》之前，通过用户数据信息发现，1991 年由 BBC 拍摄的经典老片《纸牌屋》依然受到很多人的热捧，而这些热捧者又非常喜欢观看大卫·芬奇导演的影视片，并且这些人也非常热衷于奥斯卡得主凯文·史派西演的电影。于是，奈飞综合这些数据，邀请了大卫·芬奇和凯文·史派西来翻拍《纸牌屋》。结果，该剧一上映，较之前的老版《纸牌屋》，其观众数量增加了近 300 万，达到了 2920 万人。

《纸牌屋》的诞生打破了传统电视剧所创的收视率，一举问鼎收视冠军。这正是奈飞通过数据分析用户，准确把握用户喜好，通过大数据整合分析制作过程中的各个环节并得出最优方式，才使得《纸牌屋》最终成为影视行业中具有巨大颠覆性的影视作品。

然而，《纸牌屋》只是利用大数据进行营销的众多影视作品中的一个典型，大数据技术的不断发展和在各行各业中的广泛应用，已经使其在影视行业中产生了颠覆性的影响。不论是收视率还是观后评价、影片内容策划与改进、观众参与互动，还是市场环境评估以及广告的精准投放，都离不开大数据的推动和影响。大数据对影视行业的颠覆和影响主要体现在如图 6-1 所示的几个方面。

1. 从以往单项输出转变为现在的互动机制

在过去，传统的电视影视节目往往只能通过电视和影院来实现传播，然而现在随着互联网的不断发展，传播渠道不断增加，像视频网站、多媒体播放器、移动客户端等，都成为全新的模块，这都得益于大数据。随着大数据技术的逐渐成熟，无论是电视、电影搜索还是其评价等行为都能量化为数据，大量收集观众参与互动产生的数据信息，将这些数据加以整合、利用，就可以很好地指导作品的创新，如今这都已经成为了现实。

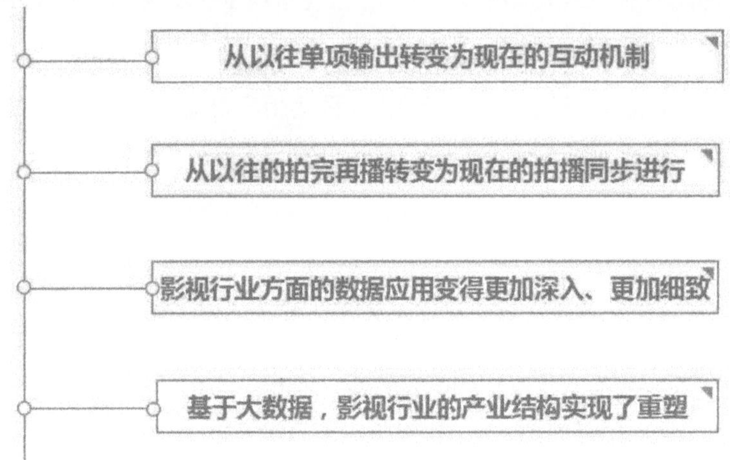

图 6-1　大数据颠覆影视行业的体现

2. 从以往的拍完再播转变为现在的拍播同步进行

我们都知道，在过去，往往是等一部电视剧全部拍摄完成之后才全面上映，而现在，随着大数据的出现，整部电视剧的剧情设置、演员选择、导演阵容、后期制作等环节都可以以互联网上收集的用户行为数据作为支撑，一边拍摄一边播放，《纸牌屋》就是一个很好的例子。当前大众的口味随着互联网等各种新兴事物的变化而变化着，因此对影视作品的需求也与之前大不相同，多元化、个性化成为了当前大众需求的主题，面对这种需求，大数据能完全满足。曾热映的电影《万万没想到》《大圣归来》等就是大数据应用于影视作品的代表，虽然在拍摄技术上还有待提高，但是基于海量数据进行的制作和营销，已经使得类似这样的影视作品票房大卖。

3. 基于大数据，影视行业方面的数据应用变得更加深入、更加细致

在过去，往往评价影视作品是否优秀的唯一标准就是对比收视率，因此，"收视率"这个词成为当时唯一被人们视为评判好坏的数据指标。但是，"收视率"

与现在我们所讲的海量数据相比，并不能算作大数据，因为"收视率"实际上是存在一定的误差的，仅仅凭借单一数据是很难真实地反映节目质量的。如今，大数据的应用已经全面深入到影视行业，为影视行业的发展提供了很多全面、有价值的数据，增大了数据的可信度和权威性，结合数据的分析算法等，使得大数据深入影视行业的每个角落，使得影视节目的每一分、每一秒都能达到精准营销的目的。

4. 基于大数据，影视行业的产业结构实现了重塑

以往制作影视作品的人都是具有专业水准的制作团队，并且作品的营销渠道仅仅是电视或影院；如今互联网的不断发展以及大数据的出现，使得这一老套格局得以打破，一些业余爱好者，或者草根团队、民营公司等，都能够成为影视行业的制作大军，与传统专业团队进行竞争。这样就使得越来越多的体制内的精英开始另谋他路，这在根本上动摇了影视行业的人才结构。另外，草根团体、业余爱好者们所创作的作品往往是来自于大众、又高于大众的风格和主题，因此颇受广大观众的喜爱，使得传统体制内的影视作品的收视率受到了极大的冲击，因此不得不逐渐将营销的重点转向广告商。

由此可见，大数据的出现，使得影视行业以上 4 个方面的格局都发生了重大的变化，因此，大数据给影视行业的发展带来颠覆性创新格局是大势所趋。

本节小结

大数据给影视行业带来的格局重塑是有目共睹的，所体现出的创新也是毋庸置疑的，这必将是整个影视行业未来发展的一个趋势。

6.2　大数据营销成就电影《小时代》

2013 年，大数据火了，因此 2013 年是大数据元年；《小时代 1: 折纸时代》火了，是因为《小时代 1: 折纸时代》借着大数据之势火了。自此，《小时代》4

部电影相继火爆，走进了人们的视野，受到了众多影迷的追捧。可以说，是大数据营销成就了《小时代》电影的繁华景象。

● ● ●

2013 年 6 月 27 日，郭敬明执导的电影《小时代 1：折纸时代》首日票房达到了 7300 万元，刷新了内地 2D 电影的最高首映场记录。《小时代 1：折纸时代》上映 27 天，累计票房达到了 4.83 亿元，总放映场次达到了 3.5 万场，观影人次超过了 210 万。

2013 年 8 月 8 日，继《小时代 1：折纸时代》之后的《小时代 2：青木时代》首映，当天票房超过 5000 万元，仅 3 天时间票房过亿，首周 4 天票房超过了 1.6 亿元，截至 2013 年 9 月 1 日，票房累计达到了 2.99 亿元。

2014 年 7 月 17 日，《小时代 3：刺金时代》首日票房近 1.1 亿元，刷新了 2D 电影内地影史首日票房新纪录。

2015 年 6 月 20 日，《小时代 4：灵魂尽头》在淘宝线上开启线上独家预售，在仅仅两小时内就卖掉了 16 万张电影票，两天时间就售出了 45 万张。

那么，《小时代》系列电影为何每一部都能够获得如此高的票房呢？关键是片方明白一个道理：营销电影需要策略，需要精准的市场打法。其实，在影片上映前，郭敬明对影片能否热卖还非常担心的："从市场的角度出发，以前我们讲得更多的是类型片，现在我们更多谈论观影人群的细分，因为观影人群已经发生变化了。此后我们公司别的作者要将作品拍摄成影片，我们都要注意观众细分的问题。"

郭敬明的这句话道出了群众细分的问题，而这个问题的关键就是大数据，是大数据带来了精准化营销，而这也正是《小时代》系列能够屡创票房新高的原因。《小时代》的投资方乐视影业在进行投资前，就已经对同名原著在网店的点击量、阅读用户的身份特征等数据进行了调查，并进行分析和整理，将观众分成了核心圈、第二圈、第三圈三个部分；此外，还对以往观众对同类影片播放后的反映等做了数据分析。最后，乐视影业利用调查、分析、整理出来的数据说服了院线排片。

《小时代》的拍摄宗旨是：年轻人爱玩什么，《小时代》就做什么；年轻人在哪里，《小时代》就在哪里。基于这一点，《小时代》的影视营销部则仅仅抓住大数据的价值，通过挖掘数据来发现观众在哪里，然后再将《小时代》有针对性地推荐给这些观众，最终实现精准化营销。

由此可见，《小时代》是一部大规模应用大数据的电影，但也正是大数据营销成就了《小时代》。《小时代》的诞生也正意味着未来媒体以及传统电影市场正向着大数据领域衍生，大数据将成为影视、媒体领域的主导者。

当然，我们可以换个方式来说，那便是"如果说移动互联网让营销变得无孔不入，那么大数据则是移动营销当仁不让的主角，并且正在以狂大的冲击力影响着影视行业，给影视行业的发展带来了全新的玩法。"

传统的影视营销具有一个通病，那便是只注重大范围、多媒体的宣传与覆盖，忽略了诸多其他方面的细节。而如今，大数据已经贯穿影视行业发展的每个环节，不论前期的选主角、剧本内容的确定，还是后期的发行、宣传等环节都离不开大数据的支撑。

另外，传统的影视作品完成之后却不知道谁会去观看、哪类人喜欢看。大数据深入影视行业之后，这一风险问题恰好得以解决，通过程序化购买的方式，实现了有效的转化，什么样的影视作品深受广大观众的喜爱，就制作什么样的影视作品，实现了定向投放，促进了精准营销，因此但凡应用大数据的影视作品都能一炮走红。

大数据与移动互联网有机结合并且应用于影视行业，给影视行业带来了全新的创新营销模式，这将推动影视行业加快迈向精准营销时代的步伐。

6.3　可口可乐的大数据玩法

科技改变了人类的沟通形式，信息技术颠覆了传统营销理念，使得各种全新的营销模式不断涌现。然而，在这个数字纷纷扰扰的时代，一方面消费者的消费观念已经发生了很大程度的转变，从以往的被动消费转为了主动参与品牌的传播活动，因此，每个消费者既是信息的接收者又是传播者；另一方面企业也开始敞开心扉，聆听消费者的心声，尽可能地满足消费者的需求，进而获得了广大消费者的信任和认可，并愿意主动为品牌产品做免费的宣传和推广。

可口可乐在这一点上看得非常透彻、非常长远，据此推出了"快乐昵称瓶""快乐歌词瓶""台词瓶"。

"快乐昵称瓶"其实是将大家平时听到的、使用的流行称呼或昵称印到可乐瓶身上，如白富美、喵星人、小萝莉、大咖、文艺青年等。国内领先的独立第三方大数据公司 AdMaster 作为此次昵称瓶的大数据服务商，通过捕捉社交媒体过亿的数据，从中提取出最频繁使用的热词，然后进行多个维度（包括声量、互动性、发帖率等）的对比，选出了 300 个使用频率最高的热词。之后再将这些热词送到可口可乐品牌部、公关部等进行第二次筛选，保证每个最终确定的词汇都是充满正能量和积极向上的词汇。待最终结果确定之后，再将这些词汇印在可乐瓶子的醒目位置上。

"快乐歌词瓶"则是将一些具有一定象征意义的、能够勾起消费者某些特殊的情感记忆的歌词印到可乐瓶身上，如"让我们乘着阳光，看着远方""蝉鸣的夏季，我想遇见你"等，消费者在购买的时候会选择自己喜欢的一句歌词，而这句歌词很有可能就是对其有特殊意义和价值，这样的创意使得消费者在购买产品的时候，并不一定是为了解渴才来购买，而是为了满足其情感方面的需求，是因为其强烈的情感共鸣趋使其产生购买行为。消费者不知不觉地将对歌曲的喜爱、对自己过去的怀念转移到了可口可乐上，这其实是一种情感迁移过程，而可口可乐公司也恰好抓住了这一点来进行产品包装设计，以达到预期的目的。

"台词瓶"则是 2015 年全新打造的瓶身包装特色，此次台词瓶上市，可口可乐提出"可口可乐台词瓶，让分享更有戏"的宣传语，瓶身上的台词出自中外经典及热门电影电视剧，包括《甄嬛传》中的"臣妾做不到啊"、《阿甘正传》中的"生活就像一盒巧克力"、《乱世佳人》中的"不管怎样，明天是新的一天"、《集结号》中的"下辈子还做兄弟"、《万万没想到》中的"万万没想到"等 49 句台词。另外，可口可乐还与优酷合作，通过大数据与消费者洞察筛选出多条台词，如励志类"没有什么能阻止我""永远不对你自己失去信心"；如爱情箴言"对不起，我爱你""如果爱，请深爱""他会踩着七彩祥云来娶我"；如流行语"给你 32 个赞""躺着也中枪啊"，等等，通过既有标签含义，又富有诗意的语言台词来传递情感和价值。台词瓶较之前的昵称瓶、歌词瓶更具内涵和外延价值，所表达的情感意义也更加丰富。

然而，事实证明，可口可乐的这些歌词、台词都非常接地气，也因此受到

了广大消费者的青睐，更因此拉近了可口可乐与消费者之间的距离。

2013 年，可口可乐推出了夏季昵称瓶，其中独享装包括 300mL、500mL、600mL 的，其销量有了显著的提高，销量较上一年同期提升了 20%，超出了 10% 的预期销量增长目标。此外，昵称瓶还在中国艾菲奖颁奖中获得广告奖。与此同时，歌词瓶也使得可口可乐在中国的业务涨幅达到了 9%。

由此可见，昵称瓶是受广大消费者所喜爱的，是能够彰显其内在思想的完美设计。可以说，大数据分析应用于产品研发设计过程中，可以使得消费者需求尽在掌握之中。

从传统角度来看，企业经济的发展是一种跑马圈地、粗放式的发展，是一种以市场为导向的发展阶段；随着进入大数据时代，客户需求引领着产品研发设计、产品生产、产品营销的主要方向，企业越来越重视客户的需求，客户需求洞察已经成为可能，借助数据的收集、存储、分析和利用，可以为客户提供更加深刻和令其满意的见解。而大数据最大的价值也就是通过挖掘客户潜在需求，为用户带来最大限度的满足，因此，大数据可以说比消费者更加了解其自身需求。不但如此，大数据还有一个优点，就是不需要像以往一样做问卷调查，可以直接在不可取样的环境中实现数据收集，并且打破了时限取样的限制。过去传统洞察方式做不到的，大数据帮助企业快速实现了，并且为企业提供的数据信息较传统问卷调查方式获得的数据信息更加精准。

本节小结

目前，大数据营销在企业营销中应用的比重越来越大，各广告主都试图利用强有力的数据挖掘技术获取海量数据，帮助企业快速成长，快速实现赢利。但是，随着对大数据更加深入的了解，我们发现，大数据在企业营销中能够创造的价值远远大于我们所预想的价值，因此，我们要采取多维度的方式来充分利用大数据，从而让大数据为我们更好地服务。

6.4　趣多多大数据营销

近年来，市场竞争日益激烈，各大企业想方设法寻找创造良好的营销氛围来吸引广大消费者的目光，就连愚人节也不放过。借助愚人节做创意营销，不但可以因为娱乐而给大众带来欢乐，而且还可以做一场市场试探，以此来了解民众对品牌的关注度，也可以通过这样的活动为品牌营销造势，为日后营销行动的全面展开打下良好的基础。

趣多多就是抓住了愚人节进行"别太当真，只要趣多多"的营销活动，与愚人节的诙谐幽默不谋而合，创造了超过 6 亿次的网页浏览、影响了近 1500 万用户的记录，并且品牌被提及的次数较平常增长了 270%。

趣多多的这次营销活动无疑是非常成功的，那么趣多多是怎么做到的呢？

首先，利用大数据进行精准目标客户群体定位，将主流消费者年龄定位在 18 ~ 30 岁。

其次，把目光集中在新浪微博、腾讯微信、社交移动、优酷视频等多方平台。

再次，在愚人节当天全天滚动式投放，并且围绕"别太当真，只要趣多多"的口号展开话题，实现了与用户深入沟通、深度渗透的目的，使品牌最大限度获得了曝光机会，更使消费者获得了更加幽默、难忘的消费体验。

之后，趣多多还联合电视脱口秀节目进行以主题为"有趣"的品牌定位，更进一步强化了趣多多的曝光度。

根据趣多多以上的营销策略，趣多多为这次愚人节进行的营销活动必然是利用大数据优势做足了准备，因此才达到了营销的目的。趣多多的这次营销活动在广告营销的基础上拉近了各大品牌的视线。此外它还利用脱口秀节目增加了互动模式，增强了用户的体验感，有助于营销活动的进一步开展。由此可见，大数据营销和广告营销相结合，也成为品牌营销活动中的全新营销模式。

　　趣多多的营销模式是值得很多企业借鉴和学习的，也正是利用节日造势、借助大数据优势、结合广告营销，趣多多取得了成功。

　　关于借助大数据进行营销，我们在前边已经讲了很多，在这里，我们着重论述一下企业在营销过程中如何基于大数据、利用节日造势进行营销，如图 6-2 所示。

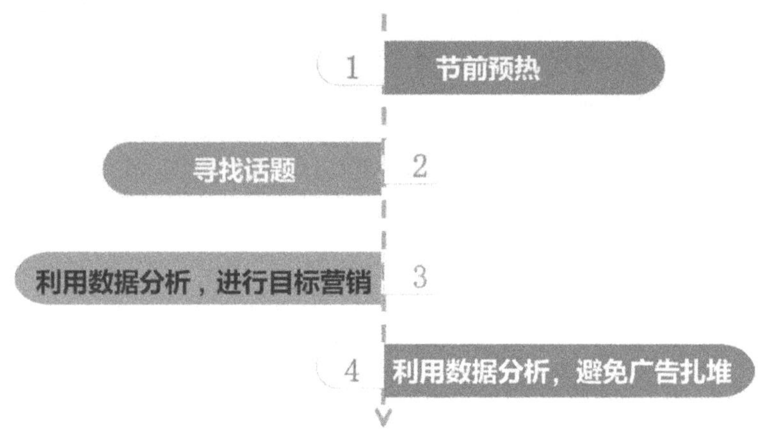

图 6-2　基于大数据利用节日造势进行营销

　　节前预热：在利用节日造势的时候，必须提前一周进行营销活动，或者提前喊出口号，引起广大消费者的关注。

　　寻找话题：话题是一个非常关键的环节，好的话题具有很强的吸引力，不但能够打动消费者，更重要的是能够增加销量。不过，作为现在市场发展异常迅猛的竞争者而言，要善用当下话题热点，引起消费者的注意，这样才能够加大传播力度。趣多多就是利用愚人节这一天，设计出具有关联性的广告词，将"别太当真，只要趣多多"与愚人节相关联，形成了一个很好的话题。

　　目标营销：精细化已经成为当前企业营销所追求的目标，采用更加精细化的人群采买策略代替传统的按媒体采买。不同类型的广告瞄准的人群将有所不同，利用数据分析工具，如数据分析平台，可以帮助广告主找到真正的目标客户群。

　　避免扎堆：同时进行广告宣传，必然没有任何凸显优势，也不能让观众将其深刻在脑海中，因此，利用大数据分析目标客户群的活跃时间区间，可以有效避开时间上的扎堆现象。

从这几点我们不难看出，趣多多使用的节日造势营销方式其实也是与大数据有着千丝万缕的联系的，结合大数据在特定节日针对时间段、区域、客户等定向进行广告和产品投放，使得精细化营销效果更佳。

本节小结

大数据比你更懂你自己。当前消费者的消费需求和兴趣数据是助力节日营销的驱动力，是实现精细化营销的基础。

6.5　网易花田为你定制爱情

每个人都希望能够找到适合自己的另一半，拥有完美的爱情，大数据就可以帮你定制爱情，完成你的终生大事。

目前，中国大龄单身男女人数已经接近 2 亿，这么庞大的数字恰好为婚恋公司和婚恋网站提供了赢利契机。网易花田是一家新兴的婚恋交友网站，于 2012 年 11 月 8 日正式上线，截至 2015 年 5 月 25 日，用户突破百万，发展成为网易旗下最大的免费恋爱交友社区。那么网易花田是如何做到不到 3 年就拥有了过百万的注册用户的呢？是用何法宝吸引了这么多的注册用户的呢？

其实原因很简单，网易花田率先尝试利用大数据优势，推动来花田注册的单身男女尽快进入婚姻的殿堂。

首先，通过注册用的基本资料为用户贴标签。每位注册用户在注册的时候都会填写一些公开资料，如年龄、身高、职业、收入、择偶要求等。这些资料可以非常直观地体现出用户的个人现状和择偶期望。网易花田则充分利用这些数据，对其进行深入挖掘、分析并加以充分利用，快速、精准地反映出其择偶要求，使用户匹配更加精准。

●●●

比如，年龄在 30 岁的男性，其寻找的异性年龄范围一般在 25 ～ 30 岁。

其次，通过注册用户的行为数据发现用户的择偶期望。网易花田的日活跃用户中，有超过 30% 的用户会通过互动产生行为数据，例如，点击自己比较感兴趣的异性的页面，对自己关注的异性动态点赞或进行评论。虽然用户的这些行为没有直接体现出其真正的择偶期望，但还是间接地反映出了其感兴趣的异性的类型。

●●●

有时候，虽然用户所填写的择偶要求比较明确，但是购房、购车等信息并没有在资料中体现，而网易花田则通过用户的某个简单的行为数据就可以细致入微地从中更加精准地了解用户兴趣。

最后，对用户的问答数据进行分析，与用户实现快速沟通。网易花田推出了问答系统，其中对用户的价值观、兴趣爱好、生活习惯、爱情观等的问题进行了分类，并展开了问答环节。这样能够更好地发现用户的习惯、爱好、价值观、爱情观等，不但可以快速找到与用户流畅沟通的话题，还能够更加精准地为用户找到契合度更高的异性。

●●●

目前，网易花田已经设置了问答题库系统，并且已经有 20% 左右的用户在系统中建立了自己的问答数据，答题量已经超过了 400 万。

传统的婚恋网站以"实名制"为手段，利用用户身份证件或手机号进行注册验证，通过这样的方式获得用户的真实姓名、年龄、性别、地址等数据信息，并且通过这种方式防止那些以寻找伴侣为名的诈骗行为发生。然而，网易花田打破了传统的"实名制"做法，毕竟这种做法已经是很多年前就有的，也正是因此，才有了以上网易花田的创新数据分析方法。即便是有身份证的人来进行实名制验证，但是身份证往往也会有造假的可能，网易花田这种条条框框罗列出用户的硬性指标，像身高、体重、学历等都包括进来，使得相亲对象在传统的理性中又增添了感性因素，从而弥补了以往婚恋网站所拥有的感性缺陷。然而，网易花田的这种感性回归也正是建立在理性的数据分析之上的。网易花田通过对自身长期积累的用户数据和行为数据进行分析，不但可以节省用户寻偶时间，还可以为用户找到其专属的"定制恋人"，也正是因此，网易花田才创造了在短时间内注册用户规模大幅提高的奇迹。

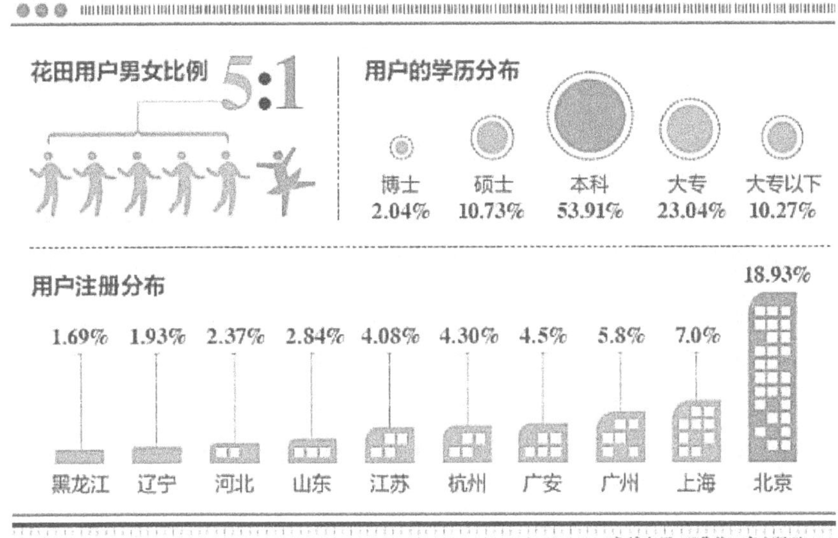

本节小结

的确，以往的"实名制"在婚恋网行业已经过气了，尤其是在大数据时代，更需要一种像网易花田一样具有创新数据支撑的新的用户注册方式，这也必将成为接下来婚恋网站发展的一大趋势。

6.6　大数据：亚马逊的营销利器

随着信息技术的不断发展，大数据、互联网、云技术的出现使得电商企业云集，因此也使电商领域竞争异常激烈，各大电商都希望能够在其领域跑马圈地。亚马逊作为一家老牌网上书店，如今已经发展成为一个大型网络电子商务公司，也在这场混战中寻找自己的营销利器，为自己开辟全新的战略前景，这一营销利器便是大数据。

如今，亚马逊已经在图书领域、生鲜领域、消费电子领域等多有涉猎，不但如此，亚马逊的创始人贝索斯还希望能够在更多的领域开疆拓土，致力于打造大数据生态圈。

预测式发货便是开疆拓土项目中的一个部分。所谓预测式发货即在用户还没有下单购物前就已经提前发出包裹。亚马逊的预测式发货目前已经获得了专利。通过预测式发货可以缩短发货时间，从而减少消费者前往实体店的冲动。其实，这个项目的突出依据是：从下单到收货之间的这段时间内，由于时间的延迟，很可能造成消费者购物意愿的不坚定甚至是导致意愿改变，从而放弃网购。因此，亚马逊根据其之前积累的大量订单以及其他因素的数据，通过深入分析获知普遍用户的购物习惯，从而对营销策略进行变革，从传统的先购物下单再送包裹转变为其特有的下单前就为用户寄送包裹的营销模式。这种营销模式下虽然包裹会提前从亚马逊发出，但是用户在正式下单前，货物会寄存在快递公司的转运中心。

亚马逊的这种利用大数据的全新预测式物流系统扩大了仓储的网络覆盖范围，更重要的是极大地缩短了配送时间。

亚马逊成立于 1995 年，在 1998 年其创始人杰夫·贝佐斯就致力于打造一个"能应以万变"的物流系统。如今，亚马逊已经拥有 112 个标准化的运营中心，仅在中国就有 13 个，经过多年来在中国的苦心经营，已经为中国的消费者提供了多种人性化的配送及支付服务。目前亚马逊已经在中国实现了将近3000 个城市区县的物流配送服务，支持货到付款的城市已有 313 个、地区数量已经超过了 2300 个，在 184 个城市里已经全面提供了移动 POS 机服务，在将近 1400 个城市区县已经实现了当日到达或者次日到达，并且拥有 5000 多个自提点，其中涵盖了便利店自提、校园自提、第三方物流合作等。

亚马逊大力投入基础建设、先进技术系统的开发、全球领先大数据的研发，构建了预测式物流，用户在下单以后，预测式物流系统会通过负载的模型计算推荐最优的配送地点或区域，并且未来能够实现真正意义上的精准配送，亚马逊则利用经纬度来定义收货地址，结合配送员的配送时效性以及天气等其他因素，推荐最合理的快递员数量和路线，最终将包裹分配给对应的配送员进行配送。亚马逊的物流准确率目前已经达到了98%，做到了"次日达全覆盖，半日当日都能达"，真正实现了商品"送得到、送得快、送得准"。

亚马逊的预测式物流实现了短时内精准送达，不但提升了客户体验，而且提升了公司和公司的美誉度，也增加了销量，增加了整体营收额，也正是如此，亚马逊才创造了营销奇迹。

诚然，数字化改变了传统的营销方式，亚马逊也紧跟时代的潮流，为卖家提供数据服务。但是，亚马逊并不是在大数据领域独自驰骋的一匹骏马，淘宝、京东、阿里巴巴之类的互联网巨头也都争相借助大数据获利，淘宝指数、淘宝数据魔方、阿里云数据库、亚马逊数据分析工具等都是利用数据帮助这些巨头为卖家服务，是提升用户体验的制胜法宝，如图6-3所示。

图6-3　互联网巨头利用大数据提升用户体验

　　首先，坚持用户为导向。在大数据时代，各互联网企业更加意识到"顾客是上帝"的这句话的真谛，因此，以客户为导向，任何产品的研发设计、生产、销售都围绕用户的需求进行，所以在进行产品的研发设计、生产销售之前就全面挖掘用户需求的数据信息，并且还对客户的商品评价等信息进行深度挖掘和分析，力求为消费者做到尽善尽美。

　　其次，利用大数据进行智能推荐。"数据比你更懂你自己"，借助大数据的可视化功能以及多维分析功能，可以对用户的消费趋势、结构变动等进行监测，从而因势利导，为其提供更多的智能化推荐来迎合其消费需求。

　　再次，运输环节实现智能管理。基于大数据，企业通过调拨和干线运输和最后一公里运输进行智能化管理，实现了"还未下单货已在途"，所以才能为消费者提供"当日达""次日达""定时达"等诸多快捷服务。

　　最后，改变了资金链关系。要实现长远发展就必须进行大量投资，然而资金问题往往是一个严峻的问题。借助大数据，这些问题都已经不再是问题。仓储中心与数据中心的建立完全改变了互联网企业原有的资金链关系，极大地缓解了资金压力。

　　以亚马逊为例，当前亚马逊就是通过当前建立大量的仓储中心与数据中心，改变了其资金链关系，然而其庞大的仓储能力也正是吸引广大消费者的真正原因。因此，与大多传统零售商相比，目前亚马逊的资金支出是相对较少的。也正是如此，亚马逊已经彻底地告别了资金压力时代。

本节小结

　　当前，产业的发展正从传统的 IT 时代走向以大数据技术为代表的 DT（大数据）时代。电子商务、电商物流、云计算、互联网金融与大数据的共同发展，构成了互联网企业全新的生态圈，为广大的消费者提供了更多、更丰富的消费体验，从某种意义上讲，这也是当前宏观经济的结构和发展趋势。

6.7　1号店靠大数据掘金

当前，一谈到大数据，人们首先想到的就是将大数据挖掘应用于企业营销，这也正是大数据的价值所在。1号店经过多年来的经营，以及对于大数据的应用，已经充分证明了大数据挖掘在企业营销中犹如一座金矿一般，其价值是非常巨大的。

1号店成立于2008年，作为一家电子商务型网站首开网上超市先河，经过苦心经营，其线上已经涵盖了食品、饮料、生鲜、酒水、美妆、鞋帽、服饰、厨卫清洁、数码产品、家用电器、家居家纺、运动用品等超过400万种商品，目前已经拥有超过6000万的注册用户，移动端用户数量达到了1500万，网站浏览次数达到了每天2000万人次。这些巨大的用户浏览、购买订单、基本资料等诸多相关信息为1号店提供了巨大的数据库，1号店借助这个庞大的数据库，挖掘出了有价值的数据，并利用这些数据对自己的产业链进行优化，包括采购、仓储、配送、售后等各个环节，最终使得其较其他传统零售业的成本降低3%～5%。

那么，1号店是如何利用大数据挖掘来赢得市场的呢？如图6-4所示。

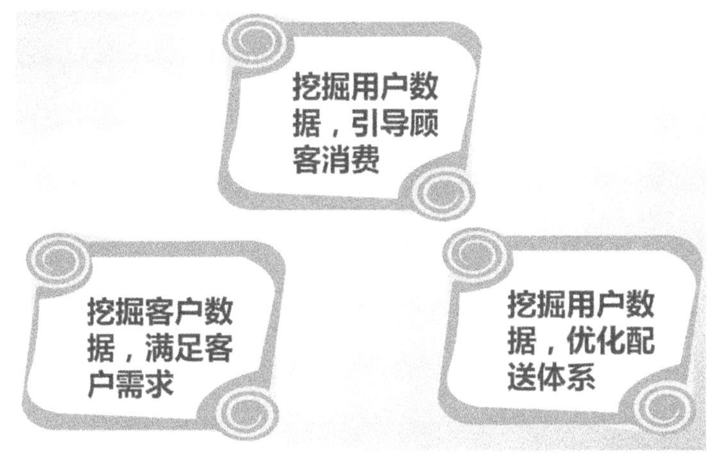

图6-4　1号店利用大数据挖掘赢得市场

首先，挖掘用户数据，引导顾客消费。作为成功的电商，能否成功引导顾客消费是实现资源配置和达到营销目的的关键。1 号店的成功在于能够抓住大数据优势，借助用户数据，包括年龄性别、兴趣爱好、购买习惯等各方面数据信息，判断顾客可能喜欢的商品种类，从而有的放矢地为客户进行相应的提示或者产品推荐，进而引导和刺激顾客消费行为。

其次，挖掘客户数据，满足客户需求。在 2010 年的时候，1 号店就已经发现了大数据的优势和价值，已经开始利用大数据优势进行营销。当时，1 号店所拥有的数据量并不是十分充足，因此，1 号店的数据库很大一部分是从外部购买的。但在当时，1 号店的关注点集中在用户的购买行为记录和收藏行为上。如今，随着对大数据价值的更深层次的了解，1 号店已经将数据挖掘向更加精细化的方向靠近，对用户购买的整个环节，包括浏览记录、购买次数、性别年龄、购买习惯、消费情况等多方面进行跟踪、分析，从而发现每位客户的细微变化，为此，1 号店建立了自己的商业智能团队，致力于对客户行为进行深入分析，建立行为模型，并依据该模型得知客户的真正需求，进而帮助 1 号店制定更加贴切的营销策略，为客户提供更加精准的个性化服务，以满足其需求。

如果有用户在进入 1 号店内浏览了产品，但是并没有产生购买行为，1 号店便会对消费失败的原因进行细致的数据分析。如果客户已经将产品加入了购物车，但是没有最终购买，那么导致购买失败的原因很可能有 4 种：第一种是因为运费较高，为此 1 号店便会调整运费价格；第二种是没有决定好是否需要购买，1 号店会细致询问客户需求，并针对其需求为其推荐产品；第三种是客户对商品不太感兴趣，只是随便看看，这时候 1 号店就会改进产品或者推出新品；第四种是商品价格太高，面对这种情况，1 号店会在产品进行促销、打折的时候通知客户购买。另外，如果因为库存缺货导致客户无法购买，那么 1 号店将及时补充货源，或者对客户进行到货通知。

最后，挖掘用户数据，优化配送体系。1 号店在配送过程中发明了"订单池"

即数据池，在配送中心接受到订单以后，并不是按照订单内容立即捡货，而是先把订单投入订单池，将订单在订单池内进行沉淀，即是一个数据收集的过程。之后在将关联订单进行"分波次"，按照每 15 ~ 20 个订单为一波次进行划分。所谓一个波次，其实就是进行一次拣货任务，而具有相同属性的订单则归为一个波次进行捡货。拣货员在订单池中完成一个波次之后，利用数据采集器给出的指令，明白在什么位置可以拣到什么样的商品，进而了解如何配送。其实这就是一个优化配送的体系。

商品早在入库前将会按照最先设计好的配库位或者随机进行摆放。但是随机摆放的方式对于库位的利用率却是很高的，这样可以很大程度上提高货架使用率。而对于拣货员来讲，减少了其行走路径，或者可以避重就轻，先拣较轻的商品，后拣较重的商品，以节省拣货员的体力。当商品拣货完毕之后，拣货员就会将商品打包，之后送入分拣中心，根据订单地址所在区域顺着轨道自动滑入发货区。此时已经有运输车辆在外候命了。

1 号店的整个货物分拣配送过程其实都与数据息息相关，都是按照所挖掘的用户数据来进行的，从而使得整个配送体系实现了最优化。

1 号店对于大数据的挖掘和应用可以说达到了极致，但是这仅仅体现了大数据所蕴含的很小一部分价值，也是众多电商借用大数据发展的一个典型案例。如今，几乎所有电商都与大数据挂钩，可谓是无数据不营销，因为有了数据就可以使电商的视野更开阔，更容易看到全局，能够洞察到当前消费者的消费趋势和市场走向，能够对其进行整体掌握，而不是仅仅对自己当前的成绩孤芳自赏，因此可以避免盲人摸象的尴尬。

另外，利用大数据还可以帮助电商通过收集与当前用户具有类似喜好的其他用户的行为，并经过对其进行分析之后，对特定用户的偏好和行为轨迹进行预测，以达到精准营销的目的，与此同时还可以根据特定用户喜好的方式和个性化数据，拉近与顾客之间的距离。

除此以外，电商还可以利用大数据对自身内部进行调整，如库存资源的合理利用等都是在大数据基础上实现的。这样有助于提升物流速度和针对性，同时即便在外界因素的干扰下，也可以及时通过数据分析，避免产品市场风险和存货风险导致的损失。

本节小结

大数据的价值是润物细无声的，目前人们对于大数据价值的研究和应用还处在摸索阶段，因此，大数据在电商领域的研究和应用还有很大的空间，需要深入挖掘。

6.8　宝洁大数据营销

宝洁是全球最大日用消费品公司之一，其生产的产品品牌数量也是全球之最，宝洁还是全球品牌营销的鼻祖，其营销和品牌战略被其他众多企业用来研究，早在 1882 年的时候，宝洁就推出了世界上第一款有品牌标志的香皂。

如今，宝洁公司正致力于基于大数据驱动的营销策略的实施，如图 6-5 所示。

图 6-5　宝洁公司基于大数据驱动营销策略的实施

首先，挖掘数据，洞察客户需求。 以玉兰油的男士护肤品为例。宝洁公司在产品生产前会通过百度数据挖掘大量有价值的数据来确定用户需求。通过百度数据分析，发现诸多消费者对玉兰油的适合年龄范围是一种模糊的概念，不同区域对于玉兰油的关注度和兴趣点有非常明显的差异。通过对大量数据进行筛选，发现"控油、收缩毛孔、祛痘"这 3 点是男性非常关注的 3 个需求，之后宝洁公司便根据需求进行产品研发。

其次，基于数据，明确战略目标。无论做任何形式的商业活动，都需要制定清晰的战略目标。宝洁公司的目标就十分明确：销量大幅增长、毛利润显著提高、资产利用率优化。宝洁公司的商业智能部将目光放在了单店产出率上，通过收集供应商数据、渠道销售数据、库存数据等信息，对宝洁公司的所有产品都进行了更加深入的了解，通过对门店数据的分析，可以真实地了解门店执行效率的高低，之后与产品研发部、供应部、销售部等多个部门进行研讨、协商，共同制定出更加符合宝洁公司现状的最优营销方案，以快速实现销量大幅增长、毛利润显著提高、资产利用率优化的目的。

最后，利用数据，建立企业机制和文化。对于大数据的使用，很多公司和企业已经深谙大数据在企业营销中的价值所在，但是真正能够用好大数据技术的往往廖若星辰。宝洁公司的运行就是在保证数据分析的执行效果的基础上进行的。

宝洁公司的决策层、销售部等部门都有对应的商业智能负责人来负责相应的数据分析，并根据分析结果制定出相应的策略，按照策略严格执行。如决策部会在对数据分析之后和总裁定期通过邮件、会面、电话、会议等方式进行沟通，之后会根据总裁提出的问题向总裁提出最佳的执行方案，并按照方案步骤严格执行，根据执行效果对执行方案进行不断的完善和改进，从而保证公司运行处于最佳状态。

宝洁公司一直以来都提倡"基于数据等决策"，并将其作为公司的一种文化来传承。为了保证公司的不断创新，宝洁中国的商业智能团队还与全球其他商业智能团队保持密切沟通和交流，从而彼此借鉴、互相学习，力求商业模式不断优化，能够在世界日用品竞争中拔得头筹。

作为一家极为重视大数据的公司，宝洁公司利用大数据进行营销的一次次实践，证明宝洁公司不但赢得了新老消费者的青睐，为消费者创造了更大的价值，也证明了利用大数据制定的营销策略具有独特的市场竞争优势。

从以上我们也清楚地看到，宝洁公司成为当今庞大的快消品帝国，是离不开庞大的营销体系的，宝洁公司在营销过程中对于大数据的应用已经达到了非常自如的境界，这也是当前类似于宝洁公司的众多企业需要学习和借鉴的。当前，以数据为基础的精准营销已经在众多诸如宝洁公司的企业中得到重视，它们纷纷开始进行尝试，精准营销是得到了众多企业营销人员的热捧。因此，传统的粗放式营销已经被基于大数据的精细化营销甩掉了几条街。设计优秀、强大的数据策略，是帮助企业真正实现大数据精准营销的基础。

本节小结

大数据给精准营销带来的改变已经成为一种必然，利用大数据进行精准营销，实际上是一件知易行难的事情，但是关键是要看企业如何合理利用大数据资源优势为自己服务，实现大数据商业价值的最优化，这也是众多企业需要深入思考的问题。